浙江省高等教育重点建设教材

水电站计算机监控技术与应用

主　编　徐金寿　张仁贡

副主编　黄　莉　王　伟　李　超

ZHEJIANG UNIVERSITY PRESS
浙江大学出版社

图书在版编目（CIP）数据

水电站计算机监控技术与应用 / 徐金寿,张仁贡主编.
—杭州:浙江大学出版社,2011.4(2020.8重印)
ISBN 978-7-308-08616-5

Ⅰ.①水⋯　Ⅳ.①徐⋯　②张⋯　Ⅲ.①水力发电站－
计算机监控　Ⅳ.①TV736

中国版本图书馆CIP数据核字（2011）第071167号

水电站计算机监控技术与应用

徐金寿　张仁贡　主　编

黄　莉　王　伟　李　超　副主编

责任编辑	王元新	
封面设计	刘依群	
出版发行	浙江大学出版社	
	（杭州市天目山路148号　邮政编码310007）	
	（网址:http://www.zjupress.com）	
排　　版	杭州中大图文设计有限公司	
印　　刷	广东虎彩云印刷有限公司绍兴分公司	
开　　本	787mm×1092mm　1/16	
印　　张	12.75	
字　　数	325千	
版 印 次	2011年4月第1版　2020年8月第2次印刷	
书　　号	ISBN 978-7-308-08616-5	
定　　价	33.00元	

前　言

　　本教材以"理实融合，实践育人"理念作指引，校企合作进行编写。教材采用项目化的方式重新组织和序化教学内容，与电气运行与维护岗位群工作过程相衔接，把全国职业核心能力培养与测评内容进行渗透开发：既能够培养电气运行与维护岗位群技能（即硬能力），又能够注重学生职业核心能力（即软能力）培养的教学项目和任务，最终使本教材成为硬能力和软能力相结合的、立体化的、项目化的教材。

　　本教材采用基础理论和应用技术部分按照知识结构进行，工程技术部分按照项目化的结构进行编写，改变了以往单一知识体系结构编写的方法。本教材分为四个部分。第一部为基础理论，共三章，第 1 章水电站计算机监控概论、第 2 章水电站计算机监控的基础知识、第 3 章水电站计算机监控的模式与配置；第二部为应用技术，共五章，第 4 章上位机控制系统、第 5 章现地控制单元、第 6 章数据库系统、第 7 章通信系统、第 8 章水电站计算机监控综合自动化；第三部为工程技术，共三个项目，项目一水电站计算机控制系统的安装与调试、项目二水电站计算机控制系统的维护与故障处理、项目三水电站计算机监控系统的操作；第四部为知识拓展，共三个拓展，拓展一水电站计算机监控系统的发展趋势、拓展二水电站计算机监控系统的相关标准；拓展三水电站计算机监控系统的模拟仿真与培训。

　　本教材以徐金寿研究员主持的"《水电站计算机监控技术与应用》课程内容和教学体系的改革与创新"和浙江省技术监督局"小水电站计算机监控系统技术标准的研究"、张仁贡副教授主持的浙江省科技厅项目："面向新农村的水电自动化设备及系统岗位群高技能人才培养研究"的成果为基础，依托国家级精品课程《农村水电站计算机监控技术》建设项目和浙江省省级重点教材建设项目，经过长时间的酝酿、构思和设计而成。

　　本教材由徐金寿、张仁贡主编，黄莉、王伟、李超担任副主编。各章内容编写分工为：徐金寿、黄莉（第一部分第 1 章），王伟（第一部分第 2 章），黄莉（第一部分第 3 章），张仁贡（第二部分第 4 章、第 5 章、第 6 章、第 7 章），王伟（第二部分第 8 章），黄莉（第三部分项目一），（第三部分项目二），徐金寿、李超（第三部分项目三），徐金寿（第四部分拓展一），张仁贡（第四部分拓展二），徐金寿（第四部分拓展三）。本教材由徐金寿、张仁贡负责修改和统稿,最后由浙江大学教授、博士生导师何奔腾审定。

在开展研究工作和教材编写的过程中,得到了许多领导和同行专家的关心支持,并参阅了部分专家、学者的研究成果和有关单位的资料,在此特表衷心的感谢。

水电站计算机监控技术是一个需要不断进行研究和实践的新课题,高技能人才的培养更是学校责无旁贷的长期任务。由于作者学术水平有限,资历尚浅,因此,书中有不妥和错误之处在所难免,诚恳地希望和感谢各位专家和读者能不吝指教和帮助,使之不断修正,逐步完善。

编著者

2011 年 4 月

目　录

第一部分　基础理论

第三部分　工程技术

第四部分　知识拓展

第一部分　基础理论

第1章　水电站计算机监控概论

◆ 学习目标

1. 了解水电站计算机监控系统的发展概况
2. 理解在水电站采用计算机监控技术的目的和意义
3. 理解小型水电站计算机监控系统的特点
4. 了解水电站综合自动化的内涵

1.1　水电站计算机监控系统的发展现状

安全经济运行是水电站最根本的任务之一。随着国民经济的持续发展，电力需求迅猛增长，兴建的水电站越来越多，其容量也越来越大，如正在建设的三峡水电站，总装机容量高达 18200 MW。为了实现安全发供电，需要经常监测的数据成千上万，需要实现的控制功能也越来越复杂。特别是抽水蓄能电厂的出现，使得机组的工况不仅有发电、调相，还有抽水、各种工况之间的相互转换。为了实现水电站的优化运行以期达到整个系统的经济运行，需要进行的计算更为复杂。以上这些复杂的工作使原来在水电站上广泛使用的常规自动装置逐渐难以胜任，因此采用更为先进的技术成了迫不及待的任务。

与此同时，计算机科学发展异常迅猛，技术日新月异，其性能日趋完善，而价格日益下降，这为计算机监控取代常规的自动装置奠定了良好的基础。

早在 20 世纪 70 年代，计算机已开始应用于水电站，起先应用于各种离线计算和工况的监测，后来逐渐进入到控制领域。它的发展经历了从低级到高级，从开环调节控制到闭环调节控制，从局部控制到全厂控制，从电能生产领域扩展到水情测报、水工建筑物的监控、航运管理控制等各个方面，从监控到实现经济运行，从个别电站监控到整个梯级和流域监控的过程。发展过程中出现了一批用微机构成的调速器、励磁调节器、同期装置和继电保护装置等。多媒体技术的应用使电厂中控室的设计发生了重大的变化。巨大的模拟显示屏正在逐渐被计算机显示器所代替；常规操作盘基本上已被计算机监控系统的值班员控制台所取代；运行人员的操作已从过去的扭把手、按开关转为计算机键盘和鼠标操作。运行人员的工作性质也发生了质的变化，从过去的日常监盘和频繁操作转变为巡视，经常性的监测和控制调节工作都由计算机监控系统去完成。运行人员的劳动强度大大减轻，人数也大大减少，甚至出现了无人值班或几人值守的水电站。总之，采用计算机监控已成了水电站自动化的主流。

1.2　水电站计算机监控的目的和意义

水电站计算机监控的目的和意义,就是通过对水电站各种设备信息进行采集、处理,实现自动监视、控制、调节和保护,从而保证水电站设备充分利用水能安全稳定地运行,并按电力系统要求进行优化运行,保证电能质量,同时减少运行与维护成本,改善运行条件,实现无人值班或几人值守。

1.2.1　减员增效,改革水电站值班方式

水电站计算机监控技术的应用,使水电站运行实现自动化,工作量大大减少,减轻了运行人员的劳动强度,减少了水电站运行人员的数量,使水电站实现几人值守或无人值守。由于运行中管理和操作人员减少了,电站生活设施等基础设施也可以相应地减少、简化,降低了电站的造价;减少水电站运行人员的同时,也减少了水电站的运行费用及发电成本,达到减员增效的目的。

此外,水电站实现计算机监控,可对水电站工作人员的职能进行转变,从对水电站设备进行操作向对水电站设备管理转化,使电站运行人员能将更多的时间和精力花在水电站设备的维护保养上,保证水电站设备的可用性和完好性,延长水电站设备的使用寿命及检修周期,而水电站设备的一些重复操作、调节、运行状态及参数的记录则由计算机监控系统在不需人员干预的情况下自动完成。水电站实现计算机监控后,富余出来的人员则可进行轮流培训,以提高对水电站的运行管理水平,还可为水电站从事多种经营、第三产业创造条件,充分开发水电站的资源,为水电站增加经济效益。

1.2.2　优化运行,提高水电站发电效益

水电站自动控制系统与机组自动控制系统相结合,使水电站自动控制系统能按优化运行方案给机组分配有功功率和无功功率,让机组在高效率区运行。

对于水电站来说,有了优化运行,就可以给水电站带来直接经济效益,其意义是非常大的。根据国内外资料表明,在水电站实行优化运行可最大限度地利用水能,使其利用率提高3%～5%。如果从机组的角度来看,就相当于机组的效率提高了3%～5%。然而对现代水轮发电机组来讲,机组本身的效率已很高,要提高机组的效率,哪怕是提高0.5%～1%,都要利用现代高新技术,难度可想而知。而利用优化运行,使同样多的水发出更多的电能,相比通过提高机组本身效率来增加电能要容易得多。

对于水电站厂内优化运行,则可把水电站运转特性、水轮机运转特性等数学模型编成软件放入计算机监控系统,计算机监控系统根据水电站运行情况自动调节水电站机组的运行,以保证整个水电站的运行处在高效率区;对于具有月调节、年调节、多年调节能力的水库电站,则同样可把中长期洪水预报建成数学模型,编成软件,放入计算机监控系统,由计算机监控系统自动按中长期洪水预报的数学模型调整水电站的运行。计算机监控系统也可对水电站运行人员给出调整指导,由水电站运行人员调整水电站的运行;对于只具有日调节能力或无调节能力的径流式水电站,水电站计算机监控系统与洪水实时测报系统相结合,可避免这类水电站在汛期大量弃水。洪水实时测报系统的基础是水电站所在集雨面积内的自动雨量

站,当水电站所在集雨面积内发生降雨,自动雨量站把降雨量情况发送到水电站计算机监控系统,计算机监控系统则按预先设计好的数学模型调整水电站的运行,增加水电站的出力,降低日调节池或前池水位。当数小时后,由于降雨而形成的洪水到达水电站时,则可减少洪汛时的弃水。

1.2.3　安全稳定,保证水电站电能质量

众所周知,有相当多的山区、农村和边远地区,大电网是延伸不到的,而绝大多数的中小型水电站集中在山区、农村和边远地区,因此产生了由中小型水电站形成的相对独立的区域供电网或地区供电网。在这些电网中,水电站在提供电力方面起了主要作用。随着山区和农村工农业的发展及农村电气化的实现,人民生活水平不断提高,家用电器数量不断增加,早期对电的低层次的需求(如照明、农副产品的粗加工等)也在悄悄地发生变化,从而对水电站发出的电能的质量和电网运行的稳定性提出了较高的要求。

计算机监控系统不仅能准确而迅速地反映水电站各设备正常运行的状态及参数,还能及时反映水电站设备的不正常状态及事故情况,自动实施安全处理。水电站的自动控制减少了运行人员直接操作的步骤,大大降低了发生误操作的可能性,避免了运行人员在处理事故的紧急关头发生误操作,保证了水电站设备运行的可靠性,从而也保证了电网运行的可靠性。

在设备可靠运行的情况下,计算机监控系统能自动控制发电机组的频率和电压,并根据电力系统调度要求,自动调节发、供、用电的平衡,保障了水电站发出的电能质量过关和电网运行的稳定性。

1.2.4　竞价上网,争取水电站上网机会

水电站采用计算机控制系统可加快水电站机组的控制调节过程。计算机监控系统可按预定的逻辑控制顺序或调节规律,依次自动完成水电站设备的控制调节,免去了人工操作在各个操作过程中的时间间隔及检查复核时间。由自动控制系统快速完成各个环节的检查复核,可大大加快控制调节过程。比如机组开机过程,采用人工操作,光是机组并网这一环节,有的机组经十多分钟都并不了网,运行操作人员精神高度集中紧张,弄不好还可能发生非同期合闸,给电网和机组带来冲击。采用计算机控制系统自动控制装置并网,机组的频率、电压自动迅速跟踪电网的频率、电压,当频率、电压、相位差满足并网合闸要求后,机组自动并网,并网时间很短,一般只需1~2分钟即可解决问题,时间短的只需半分钟就可完成并网。

根据国家电力体制改革的要求,实现"厂网分开,竞价上网"后,水电站如果没有自动化系统,而是依靠传统的人工操作控制,将难以满足市场竞争的需要。不了解实时行情,参与竞价将非常困难,即使争取到了发电上网的机会,又因设备陈旧落后而不能可靠运行,既影响电网供电,又使自身效益受损,最终也失去了来之不易的发电机遇。

1.2.5　简化设计,改变水电站设计模式

采用常规控制,电气设计非常繁琐,订货时要向厂家提供原理图、布置图,还要进行各种继电器的选型。而自动控制设备集成后,设计单位只要提供一次主接线、保护配置及自动化要求即可,故能以选型的方法代替电气设计,简化设计、安装和调试工作。

1.3　小型水电站计算机监控的特点

小型水电站实现自动化,是改善电站运行条件,提高电站综合经济效益的重要措施。与大型水电站相比,小型水电站的自动化设计有以下特点:

(1)建设资金不充足。这类电站多为地方投资或者集资兴建,资金有限。因此,往往在兴建过程中力求设备简单,价格低廉,以节省投资。

(2)运行方式变化大。小型水电站一般水库容量很小,运行方式受降雨量的影响较大,而用电规律受生产季节与生活用电的影响极大,因而运行方式变化大,机组启停频繁。

(3)电压变化极大。农村电站往往为独立供电,农村用户分散,输送距离远,负荷变化幅度极大,因而电压变化幅度大。为了照顾到首末端用户的使用电压,电压的设定和调节变化频繁。

(4)无特殊用户。农村电站供电对象一般为乡镇加工企业和生活照明用电。没有要求不停电、高电能质量的特殊企业及单位。

(5)技术力量薄弱。农村电站的运行维护人员一般均为非专业学校的技术人员,不可能去面对复杂、繁多的自动化装置和应付复杂的运行方式。

(6)技术更新费用少。农村小型水电站的年维护更新费用是非常有限的,不可能像大中型水电站那样有计划地进行设备的更新和完善。

根据上述小型水电站自动化设计的特点可知,在中国这样一个人口众多、劳动力丰富、经济基础薄弱的发展中国家,小型水电站实现自动化比发达国家难得多,它需要更多地考虑价格因素、运行人员的知识水平、经济效益等。所以,小型水电站计算机监控系统必须做到经济实用、简单可靠。

1.3.1　经济实用

选用小型水电站计算机监控系统要强调以经济实用为原则。过去,有的小型水电站为了应付领导参观,测量参数不管有用没用,总是加大采集量,似乎显示画面越花哨,系统就越先进。有的电站盲目学习大电站,系统配置过高,比如一个装机容量 1000 kW 的电站除了上位机,还设置了前置机、工程师工作站等,结果自动化投资很高,效益甚微。由于相比大中型水电站,小型水电站监控系统在整个系统中地位不十分重要,系统对它的可靠性和稳定性要求也相对较低,因此自动化功能和配置可以简化,只要满足运行要求即可。事实上,对一些装机容量只有几百千瓦的农村小型水电站,在欧美国家也有采用"开机手动,停机自动"的模式。这些小水电站的值班人员住在山下城镇,平时无人值守,开机时值班人员驾车过来进行开机操作,操作完成后就离开。运行中遇事故时监控系统自动停机,并向值班人员住处或传呼机发信号,值班人员再过来处理。根据小型水电站不同装机容量或等级,采用不同的自动化模式,一切从实用化出发,这也是近几年小型水电站自动化得到发展的原因之一。

1.3.2　简单可靠

由于小型水电站位于偏僻的农村,电站运行人员大多数是当地的农民,知识水平比较低。如果自动化系统操作维护复杂,就很难为他们所接受。20 世纪 80 年代初,小型水电站自动化刚刚起步,电站虽然安装了计算机监控系统,但工作人员仍在原控制台监控,微机闲置,仅在为参观人员表演时投入运行。询问原因,是电站熟悉微机的运行人员不多,担心误操作出事故,而且出了故障需要外请专家来排除,资金问题也没法解决。可见,如果小型水电站自动化操作维护复杂,运行人员不敢用,最后可能成为一种供人参观的摆设。对于小型水电站,运行人员希望使用的是"傻瓜"型高可靠性自动控制保护系统,就像一部"傻瓜"型照相机,只需简单培训就能完全掌握。小型水电站计算机监控系统设备简单,反而会提高系统的可靠性。

1.4　水电站综合自动化简介

水电站综合自动化系统是综合应用现代电子技术、通信技术、计算机技术、网络技术和图形技术等,并与系统设备相结合,将水电站在正常和事故情况下的监测、保护、控制和水电站的工作管理有机融合在一起的综合性先进技术。

在我国,水电站综合自动化问题的提出始于20世纪70年代。1979年由原电力部科技委在福建古田主持召开的"全国水电站自动化技术经验交流会"中提出了1979—1985年的七年奋斗目标,即水电站自动化科学技术发展七年规划,要求加强梯级电站和大型电站综合自动化试点工作,但由于当时技术条件的限制,研究的注意力逐渐集中于计算机监视和控制技术的研究。经过多年的发展,水电站计算机监控技术已基本成熟,在国内的大、中、小型水电站得到推广应用,取得了非常好的经济效果。同时,由于计算机技术及相关的网络技术、通信技术的迅速发展,水电站内出现了多系统互联的趋势,如隔河岩水电站原引进加拿大CAE公司的计算机监控系统,但在几年运行中发现还不能满足电站的运行要求,后又增加了许多防洪、调度、管理、通信等子系统,使原引进的监控系统外部连接混乱,管理维护困难;广州蓄能电站也有类似情况,为了能进行扩充,从原打字机接口接入 MIS 系统等。这些都说明水电站运行管理也在不断向减人增效、"无人值班"(少人值守)的方向发展,迫切需要进一步研究水电站综合自动化系统领域的关键技术,进一步提高水电站的运行管理水平和综合自动化水平。

从水电站的总体层次上来分析,其综合自动化体现在以下几个方面:

(1)水电站实际上是水、机、电的一个综合整体,相互之间既有分工又密切联系,因此考虑综合自动化是适宜的。

(2)水电站综合自动化涉及电力调度、水利调度、航运调度、水情测报以及灌溉和防洪等,因此有关的研究应涉及上述各方面的协调问题。

(3)水电站状态监测及预测检修是当前很受关注的问题,它除了涉及监控系统常规的内容外,还包括与振动摆度、汽蚀磨损、绝缘间隙等测量装置的接口与配合问题等,需要全面考虑。

(4)水电站综合自动化涉及如何在原有计算机监控系统的基础上,实现功能的扩展及提高的问题,如新型计算机技术、网络增建及延伸、人工智能、多媒体技术等。

(5)水电站综合自动化任务的提出,使水电站的自动化成为一个系统工程,其各部门和领域之间的有机协调配合将会使整个系统配置更为合理,利用率更高。如一些综合性的问题,以往单项控制时它们之间所隐含的关系常被忽略掉,而在综合自动化系统中则比较容易实现,以此来提高系统性能,加速系统的速动性及实时性,并改善系统间的协调性。

思考题

1. 水电站计算机监控的目的和意义是什么?
2. 小型水电站计算机监控系统有什么特点?
3. 小型水电站的自动化设计有什么特点?

第 2 章 水电站计算机监控的基础知识

◆ 学习目标

1. 理解水电站计算机监控方式的演变过程及各种监控方式的特点
2. 掌握水电站计算机监控系统的四种基本结构形式及各种结构的特点
3. 了解水电站计算机监控系统的分类
4. 掌握水电站计算机监控系统常用的三种计算机类型及其特点

2.1 水电站计算机监控方式的演变历程

随着计算机技术的不断发展,水电站监控的方式也随之改变,计算机系统在水电站监控系统中的作用及其与常规设备的关系也发生了变化。其演变过程大致如下:

1. 以常规控制装置为主、计算机为辅的监控方式(Computer Aided Supervisory Control,简称 CASC)

早期由于计算机价格比较昂贵,而且人们对它的可靠性不够信任,因此,计算机只起监视、记录打印、经济运行计算、运行指导等作用,水电站的直接控制功能仍由常规控制装置来完成。采用此方式时,对计算机可靠性的要求不是很高,即使计算机局部发生故障,水电站仍能维持正常运行,只是性能方面有所降低。采用这种控制方式的典型例子是初期(20 世纪 80 年代上半期)投入运行的依泰普水电站。当时采用这种控制方式是基于巴西和巴拉圭的国情考虑,计算机监控系统还不够成熟,缺乏相应的技术力量支持,故而先采用能实现数据采集和监视记录等功能的计算机系统,而水电站的控制仍由常规设备来完成。这样,不仅可以为将来实现可控制功能的系统作准备,同时可以减少前期的投资。后来,依泰普水电站就将它更新为具有复杂控制功能且比较完善的计算机监控系统。

国内采用这种控制方式的典型例子是富春江水电站综合自动化的一期工程(20 世纪 80 年代上半期)。它是一个实时监测系统,能实现数据的采集和处理、提供机组经济运行指导和全站运行状态的监视记录,但计算机不直接作用于生产过程的控制。这在当时是适合的,后来也被更新为能实现控制功能的且比较完善的计算机监控系统。

这种控制方式的缺点是功能和性能都比较低,并对整个水电站自动化水平的提高有一定的限制,目前新建的水电站已很少采用。

对已运行的水电站,尤其是中小型水电站,在常规监控系统的基础上,增加专用功能的全厂自动化装置,如自动巡回检测和数据采集装置,按水流或负荷调节经济运行装置等,也可取得很好的技术经济效益。因此,对于投资不大,运行管理水平要求不太高的电站,CASC 还是可以采用的。国外也有不少这样的例子。

2. 计算机与常规控制装置双重监控方式(Computer Conventional Supervisory Control,简称 CCSC)

随着计算机系统可靠性的提高和价格的下降以及人们对实现计算机监控的信任度的提高,人们较容易接受让计算机直接参加控制。为了进一步降低风险,计算机与常规控制装置双重监控的方式应运而生了。此时,水电站要设置两套完整的控制系统,一套是以常规控制装置构成的系统,一套是以计算机构成的系统,并且相互之间基本上是独立的。两套控制系统之间可以相互切换,互为备用,保证系统安全可靠地运行。采用这种方式的原因是:

(1)有些用户,特别是大型水电站,对计算机系统的可靠性仍有较大的顾虑,认为计算机监控系统没有常规自动化系统可靠,要求设置一套常规自动化系统作后备。

(2)水电站运行值班人员习惯于常规设备的操作,不熟悉计算机系统的操作,需要一段适应过程。

(3)计算机系统检修时,可以使用常规系统,不会影响水电站的正常运行。

(4)如果已有常规系统的水电站,加设计算机监控系统可提高抗干扰能力和水电站运行的安全性与可靠性。

国外采用这种方式的有美国邦纳维尔第二电厂(558 MW)和巴斯康提抽水蓄能电厂(2100 MW)。国内的典型例子是葛洲坝大江电厂(1750 MW)和龙羊峡水电站(1280 MW)。

采用这种方式的缺点是:①由于需要设置两套完整的控制系统,投资比较大;②由于两套系统并存,相互之间要切换,二次接线复杂,可靠性反而有所降低。因此,目前新建水电站已很少采用这种控制方式。

3. 以计算机为基础的监控方式(Computer Based Supervisory Control,简称 CBSC)

随着计算机系统可靠性的进一步提高和价格的进一步下降,出现了以计算机为基础的水电站监控系统。采用此方式时,常规控制部分可以大大简化。由于平时都采用计算机控制,因此,对计算机系统的可靠性要求比较高。针对这一问题可以采用冗余技术来解决,从而保证系统某一单元或局部环节发生故障时,整个系统和电站运行还能继续进行。

采用此方式时,中控室仅设置计算机监控系统的值班员控制台,模拟显示屏已成为辅助监控手段,可以简化甚至取消。

国外采用这种方式的水电站有美国的大古力水电站(6150 MW)、委内瑞拉的古里水电站(10000 MW)、法国的孟德齐克抽水蓄能电厂(920 MW)等。国内的典型例子是漫湾水电站(1250 MW)。

这种控制方式是目前国内外水电站普遍采用的计算机控制方式。

4. 取消常规设备的全计算机控制方式

随着计算机技术的进一步发展和水电站计算机监控系统运行经验的累积,出现了以计算机为唯一监控设备的全计算机控制方式。实际上它是 CBSC 方式的延伸。采用这种方式时,取消了中控室常规的集中控制设备,机旁也取消了自动操作盘。中控室还保留模拟显示屏,但其信息取自计算机系统,不考虑在机组控制单元(计算机型的)发生故障时进行机旁的自动操作。此时,对计算机系统的可靠性提出更高的要求,冗余度也要进一步提高。

采用这种方式的典型例子是我国隔河岩水电站(1200 MW)，它采用了 CAE 公司的产品。这种方式投资比较大，但它有良好的应用前景，将成为未来的水电站计算机监控方式的主流。

2.2　水电站计算机监控系统的基本结构

自 20 世纪 70 年代水电站采用计算机监控系统以来，从国内外水电站计算机监控系统几十年的变化情况看，它的系统结构经历了从简单到复杂、从低级到高级、从单项到全面、从简陋到完善的发展过程，如从集中式控制向分布式控制发展、从单计算机系统向多计算机系统发展、从单层网络向多层网络发展等。结合目前水电站的实际情况，按工业自动化计算机监控系统的一般划，可分为集中式计算机监控系统、功能分散式计算机监控系统、分层分布式控制系统和开放式系统。

2.2.1　集中式计算机监控系统

早期，计算机价格较高，一般只设一台计算机对全厂进行集中监控，称作集中式监控系统。集中式监控系统的结构将在第 4 章介绍。集中式监控系统一般集中布置一台计算机，称为集控机，它承担着整个水电站的全部监视和控制任务。水电站的全部运行参数和状态信号、被控回路及执行继电器等几乎都集中到集控机及其外围设备的输入/输出接口。全站的数据采集和处理、运行参数和状态的监控、机组启停和负荷调整、运行状态的显示和记录、异常状态报警等任务均由集控机分时执行。这种系统的基本特点是简单、不分层(不设采用计算机的现地控制级设备)，较易于实现。此时，一切计算处理都要在集控机上进行，所有信息都要送到集控机；所有操作、控制命令都要从集控机发出，因此一旦集控机出现故障，整个控制系统将面临瘫痪的危险，而只能改为手动控制运行，性能大大降低，这是集中式监控系统的致命弱点。由于所有信息都要送到集控机，现场需要敷设很多电缆，机组台数越多，电缆也越多，这不但增加了投资，并且降低了系统的可靠性。另外，电缆及其接头容易发生故障，通信也是其薄弱环节。

为了克服对一台集控机过分依赖的缺点，可以增设第二台集控机作为备用，以提高整个系统的可靠性。这样，就出现了下面三种备用方式。

1. 冷备用方式(Cold Standby)

此时，一台计算机为工作计算机，或称主计算机，另一台为备用计算机。平时备用计算机不参与生产过程的控制，只担任一些离线计算和程序维护等任务。一旦主计算机发生故障，就启动备用计算机，进而取代故障的主计算机对生产过程进行控制。但由于取代有一段过程，可能丢失一部分信息，因为在这一段过渡时间内，控制系统实际上处于停滞状态，这对实时控制是不利的。但它的优点是，备用计算机可以做一些别的工作，从资源合理利用角度来看，具有一定的价值。

2. 温备用方式(Warm Standby)

此时，备用计算机是经常运转的，在正常情况下只承担一些离线任务。它的存储器周期性地被来自主计算机的实时数据所更新，这可以通过周期性连接数据库、事件表和档案库来实现。

由于备用计算机不需要启动,切换取代时间比较短,因此丢失数据的范围就比较小,但还不能完全避免。此外,还存在可能接收切换前主计算机处理的错误数据的危险。

3. 热备用方式(Hot Standby)

采用热备用方式时,两台计算机是并列运行的,执行同样的程序。来自生产过程的数据由两台计算机独立地进行处理。它们之间的差别是,只有主计算机的输出是真正接至生产过程的。当主计算机发生故障时,备用计算机可立即取而代之,这样就解决了丢失信息和接受错误信息的问题。但为此需付出一定代价,即备用计算机不再能承担离线任务。这种方式用在对系统可靠性要求比较高的场合。随着计算机价格的下降,这种热备用方式用得比较普遍。如果不特别说明的话,主备用运行方式指的就是这种热备用运行方式。

采用集中式监控系统的典型例子是 20 世纪 70 年代研制的美国石河段水电站计算机监控系统。石河段水电站是一座水库库容较小、带峰荷的低水头径流式水电站,总装机容量为1300 MW,有 11 台机组,其中 7 台为转桨式水轮发电机组。它采用一台 PDP11/35 型小型计算机控制整个水电站,机组本身的控制采用常规自动装置。计算机监控系统实现的功能有:

(1)数据采集和处理。它包括测量、监视、报警、电能计算、事件记录和制表打印等。数据采集每 4 s 执行一次,全部存入数据库。带中断的开关量可随时响应。

(2)机组启停控制。这里指的是确定应运行的机组台数和台号,至于机组启停顺序控制则是由机组本身的常规自动装置执行的。启停的原则是保持各台机组运行于最高效率附近1%的范围内。如果不在此范围内,就增开或停开一台机组。程序每隔 30 s 执行一次。

(3)机组有功功率的控制。每 3 min 读一次上、下游水位值,根据这些水位值算出每台机组最高效率对应的功率整定值。如果可能的话,使机组整定功率与此最高效率下的功率整定值相同。然后,将此整定值与机组实际功率进行比较,如差值超过规定死区,就调整机组功率直至差值在误差允许范围内。此程序每 4 s 执行一次。

(4)电压和无功功率的控制。此程序分两部分。第一步调整各台机组的无功功率以减少母线电压与要求电压之间的偏差,每 8 s 执行一次。第二步算出所需总无功功率(等于各台机组无功功率之和),将它按比例在机组间进行分配,每 15 s 执行一次。这两部分任务交替反复执行,直至电压偏差和无功功率平衡均能得到满足时为止。

(5)上游水位控制,即自动溢流。每 3 min 采集一次上游水位和泄洪闸门开度,计算是否需要泄放,泄洪闸门要开多少个,每个闸门开启多少,以维持水库有足够高的水位。误差信号是现有库水位减去最大允许库水位,如果误差为负,则不需开闸门;如果为正,则算出与此误差成正比的泄流量,根据此泄流量算出应开启闸门数和开度。

石河段水电站集中式监控系统需要的投资少,大约为 50 万美元,而获得的经济效益十分显著。据报道,该水电站采用集中式监控系统后每年增加发电量 0.8%~6%,这与水头有关,平均为 3%。运行值班人员由两人减少为一人。计算机监控系统的全部投资能在三年内收回。

我国也有容量很小的水电站采用这种系统。

总的来说,集中式监控系统结构较简单,易于实现,投资较小,是早期使用的典型系统。但其可靠性比较低,大中型水电站已经很少采用,一般只用在机组台数较少、控制功能简单、总装机容量在 2000 kW 以下的小型水电站。

2.2.2　功能分散式计算机监控系统

随着计算机价格的下降以及水电站对监控系统可靠性要求的提高,为了克服上述集中式监控系统的缺点,出现了功能分散式监控系统(Decentralized System)。此时,对水电站的全部监控任务不再由一台计算机来完成,而是由多台计算机共同完成。各台计算机只负责完成某一项或某几项的任务,结果出现了一系列完成专项功能的计算机,如数据采集计算机、控制调节计算机、事件顺序记录计算机、通信计算机等。这是一种横向的功能分散,当某一台计算机出现故障时,只是某一功能受到影响,而其他功能仍可以实施,可靠性在某种程度上有所提高。功能分散使得每台计算机的负载减少了,从而出现了多微机系统,即用多台微机代替原来一台高性能小型机去完成监控的任务,这在经济上也是合算的。

功能分散式计算机监控系统是由多台计算机构成的一种应用型系统,其控制对象的特点是:①地理上分散在一定的范围内;②相互之间的联系较薄弱,很少存在处理或计算上的因果关系,即某子系统的计算需等另一子系统的计算结果出来后才能进行处理。在讨论分散的时候,是相对于集中而言的,主要是强调位置上的分散。

图 2-1 所示为采用功能分散式监控系统的例子。水电站监控系统设有多个专用功能计算机,如数据采集计算机、事件顺序记录计算机、控制调节计算机以及通信计算机等。其各部分的功能如下:

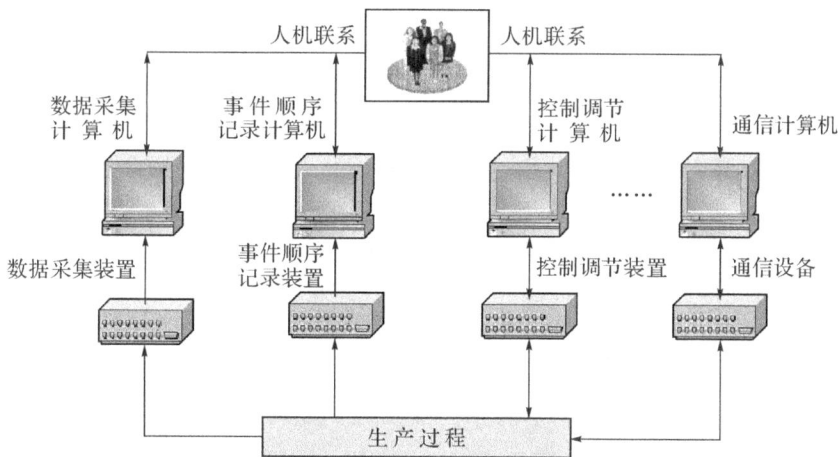

图 2-1　分散式计算机监控系统结构

(1)数据采集计算机。它具有下列功能:① 正常电气参数的监测、打印和制表;② 越限或异常电气参数的监测、打印和制表;③ 参数分析,如测量误差检出和报警;④ 电气量历史性记录、事故追忆;⑤ 图表显示;⑥ 电能脉冲量计算和转发;⑦ 与数据采集装置交换信息。

(2)事件顺序记录计算机。它具有下列功能:① 及时反映生产过程中出现的事故、故障的性质、开关动作顺序和发生时间;② 显示事故、故障的复位信号;③ 显示和记录正常操作的性质和时间;④ 显示系统主接线,用色彩区别电压等级和机组运行工况;⑤ 制订交接班记录等。

(3)控制调节计算机。它的主要功能是接收上位机下达的控制命令,向各台机组发出开机或停机命令,调整各台机组的有功功率和无功功率。

(4)通信计算机。使上位机能够与现场进行通信,使运行人员能够及时反馈现在的运行情况。

功能分散式计算机监控系统仍没有解决集中式监控系统的所有问题,它是集中式监控系统的延伸版本,从某种意义上说,仍然属于集中式监控系统。如果某个功能计算机出现故障,则全厂的这部分功能均将丧失,影响较大。而且要将所有信息集中到一处(用电缆)所带来的问题仍然没有解决。系统可靠性仍然不是很高,投资却增加很多。因此功能分散式监控系统目前已经很少采用。

2.2.3　分层分布式控制系统

上述信息过于集中的矛盾可以用分布处理的方式来解决。水电站采用的处理通常是与分层控制结合在一起的,因而它实质上是一种分层分布式监控系统。

1. 分层控制(Hierarchical Control)

分层控制理论是 20 世纪 80 年代发展起来的一种新理论,它是控制系统理论的一个分支,是从控制论的角度来研究多个相互影响的系统的控制方法。它把"中央的控制中心"对"各子系统的控制中心"的监视,以及确定"各子系统控制中心"的控制方向问题提高到理论上来,这种理论可用于电力系统问题的分析和调度控制中。对于水力发电厂,其发电、输电生产是一个综合复杂的过程:① 地域上比较分散,设备分散于主厂房、中控室、开关站、泄洪闸门等处;② 设备数量多(与机组台数有关);③ 要求实现的功能多(与机组容量和在电力系统中的地位有关)。从控制论的角度,按其命令的产生、命令执行结果信息的反馈流向、被采集的信息上送关系、各级的操作权限等来看,监控系统在结构上是一种具有中央集权性质的系统。因此,将水电站的监控系统构成一个分层控制结构是合理的。从水电站必须执行的操作,如执行网调的调度命令、正常及事故时水电站操作员的操作控制、全站各台机组的成组控制以及现地闭环控制等来看,采用分层控制结构是符合水电站的生产特点的。

采用分层结构后能使多台计算机便于管理,不同层次不同任务的计算机的容量、规模可配置得比较合理。例如,在全厂控制一级常采用规模相对较大一些的计算机,而在控制第一线的计算机可采用规模相对较小、抗干扰能力强、可靠性高的计算机等。

与集中控制方式相比,分层控制方式具有下列优点:

(1)凡是不涉及全系统性质的监控功能可安排在较低层实现,这不仅加速了控制过程的实现,提高了响应性能,而且减轻了控制中心的负担,减少了大量的信息传输,同时也提高了系统的可靠性。

(2)在分层控制系统中,即使系统的某个部分因发生故障而停止工作,系统的其他部分仍能正常工作,分层之间还可以互为备用,从而大大地提高了整个系统的可靠性。

(3)采用分层控制方式时,对控制设备和信息传输设备的要求可适当降低,需要传送的信息量减少,敷设的电缆也大大减少,主计算机的负担也有所减轻,这些均有利于减少对监控系统设备的投资。

(4)可以灵活地适应被控制生产过程的变更和扩大,可实施分阶段投资,这些都提高了系统的灵活性和经济性。

(5)由于分层控制方式通常采用多机系统,各级计算机容量和配置可以与要实现的功能更为紧密地配合,使最低一层的计算机更为实用,整个系统的工作效率进一步提高。

但分层控制方式有以下缺点：

（1）采用分层控制方式时，整个系统的控制比较复杂，常常需要实行迭代式控制。迭代式控制是指达到最终需要实现的工况（最优工况）往往不能仅靠一次计算控制，而要依靠多次迭代计算来完成，因而降低了整个控制的实时性，这是对全局性控制而言的。

（2）多机系统的软件相对复杂，需要很好地协调。

但总的来说，分层控制方式的优点还是主要的。现在，除了一些小规模的控制系统以外，大多采用分层控制方式。

在实现分层控制时，合理地确定层次和在各层次之间合理分配功能，对保证系统可靠又灵活地运行是至关重要的。分层时要考虑以下几个方面：

（1）加强协调。可以增进系统的性能，但同时会增加系统的集中程度，这种集中程度的增加会降低系统的可靠性。加强协调还意味着系统复杂性的增加，因此协调要恰当。总的原则是只要系统性能可以得到满足，就要减少协调。

（2）通信设备和计算设备在系统内各层的配置要进行权衡。将计算设备较多地集中在上位机，固然可以减少 LCU 计算设备的重复设置，从而减少计算设备的总投资，但通信设备要增加投资，而且整个系统的可靠性要降低。因此，系统内通信设备和计算设备的上下配置要恰当。

2. 分布式系统（Distributed System）

分布式系统包含有多个独立但又相互作用的计算机，主要要求资源物理上的分布而不强调地理上的分布。归纳起来，分布式系统具有如下的特点：

（1）具有多个分布的资源。这里的分布是指物理上的分布和地理上的分布，而资源是指计算机系统硬件、外部设备、各种程序及数据库等。

（2）具有统一的操作系统。全系统要求有一个高级操作系统，对整个分布式计算机系统进行统一的控制和管理，指导各分布资源完成共同的任务。整个系统以尽可能少使用系统集中资源的方式工作，由一个统一的操作系统管理。

（3）分布的资源彼此独立而又相互作用。分布的各资源独立地完成其被指定的功能，同时相互间又以一定的方式配合、协调地工作。

（4）在分布式系统中没有明显的主从关系，各资源之间以较平等的方式工作，"系统内部不存在层次控制"。

分布式系统大体上可以分为三种类型，即按功能分布、按对象分布以及复合型分布。

按功能分布的结构目前多用于水电站监控系统的上位机部分，它一般有一台或两台计算机（或工作站）构成单个或冗余系统，以完成指定的功能，例如操作员工作站、通信工作站以及在某些情况下配置的事件顺序记录工作站等。在这些功能群的内部，能以单机独立运行、双机冗余运行或三机冗余运行的方式工作，而这些功能群相互之间是独立的，在功能上不能替代。但也有例外，如操作员工作站出现故障时，可用工程师工作站来顶替其工作，使监控系统仍维持正常运行。

按对象分布的系统，特别强调在产生数据的地方，就近分析和处理数据，其目的是减少通信传送的信息量，充分利用现场能采集到的各种信息进行综合分析后，再向上级传送结果或中间结果，即所谓"熟数据"。这种方式通常适用于机组级控制终端，其具备的功能含有综合的特征，如包含数据采集、分析处理、事件分辨、机组顺控、有功和无功功率调节以及上位机之间进行通信等。按被控对象分布主要有以下优点：各控制终端相互独立，一个现地子系统或控制终端(LCU)故障只影响一台水轮发电机组，提高了全系统的可用性及可靠性。此外，由于现地子系统或控制终端具有相当大的独立性，本身又具备较完整的处理功能，即使上位机部分或全部故障，它亦能维持被控对象的安全运行，也很适合于水电站机组分期安装的情况。

3. 分层与分布的关系

复合型分布处理有两种情况，一种是上述两种分布式方式的结合，即上位机采用按功能分布的方式，下位机采用按被控对象分布的方式，这样结合起来的系统就是复合型分布式系统。实际上这种系统在水电站的应用是比较多的。另一种是在电站主控层控制中心和机组级控制终端均采用按功能分布处理的结构，即指现地控制单元(Local Control Unit, 简称LCU)采用了多微机(多单片机或嵌入式微机)的按功能分布结构。而上位机采用了远程值守站、总工、厂长终端等配置，因此整个系统可以说既是按被控对象分布，又是按功能分布，从目前的情况看已显示出这种应用趋势。

在开放系统出现以后，又出现了"全分布"的概念。也就是说以往在谈分布的时候，往往着重在"处理"上的分布。而开放系统出现的同时也强调了"数据库"等的分布，可以说这是一种更完全的分布，而这些正是符合前述的分布系统定义的。

从以上分析可知，"分层"与"分布"实际上说是的一个事物的两个方面。从计算机系统结构来分析，强调"分布"的概念；从控制理论的角度，强调分层的概念，两者完美地在水电站计算机监控系统这个实体中结合起来了。例如，在上述实现"分层"控制的水电站计算机监控系统中，其中控室的控制台、计算机室的电站主控层计算机或服务器、工程师工作站以及作为现场控制节点的机组控制工作站等就构成了分布式系统结构。

这就是为什么"分层"和"分布"这两个看起来相互矛盾的概念能用来共同说明水电站计算机监控系统结构模式的原因。

由于分层分布式监控系统有以上优点，它已取代其他两种类型而成为水电站监控系统的主要类型。这些年来新投运的水电站监控系统几乎都采用分层分布式结构。DL/T 5065—1996《水力发电厂计算机监控系统设计规定》明确指出："监控系统宜采用分层分布式结构，分设负责全厂集中监控任务的电厂级及完成机组、开关站和公用设备等监控任务的现地控制级。"

经过多年的探索和实践，通常将水电站分层分布式监控系统分成两层，即电站主控层和现地控制单元。两层之间由通信网络进行链接，通信网络主要由网络设备和网络接口设备组成，它是电站主控层和现地控制单元层进行数据交换的通道。关于水电站计算机监控数据通信系统将在第7章作详细的介绍。

(1)电站主控层。它是水电站控制系统中的最高层，用于控制整个水电站的运行。它的主要任务是协调控制水电站中各台机组的发电，通过机组控制层发出运行工况转换命令，如开机、停机、发电转调相、发电转抽水等，调整各台机组的有功功率和无功功率。它还与电网层(调度部门)进行通信联系，向上发送有关的水电站信息，并接收电网层下达的各项控制命令。采用计算机监控时，这一层由计算机完成。它还可与水情测报系统、水工建筑物监测系统和泄洪闸门控制系统等进行通信。

(2)现地控制单元。它是水电站计算机监控系统的重要组成部分，构成分层结构中的现地级。现地控制单元直接监视现地设备的运行过程,既可作为分布系统中的现地智能终端,又可作为独立装置单独运行。电站的励磁设备、调速器和微机保护均以数据通信的方式进入各现地控制单元。

现地控制单元的控制对象主要包括以下几项:

①水电站发电设备。主要有主机、辅机、变压器等(具体有进水口闸门、水轮机及其辅助设备、发电机及其辅助设备、发电机出口断路器、主变压器设备等)。

②开关站。主要有母线、断路器及隔离开关等(各线路断路器、隔离开关、接地开关、母线断路器等)。

③公用设备。主要有厂用电系统、UPS 电源系统、厂用直流电系统、厂区及厂内排水系统、高低压气机系统、火灾报警消防系统和全厂通风及空调系统等。

④闸门设备。主要有主阀和泄洪闸门等。

现地控制单元一般根据监控对象及其地理位置可划分为机组现地控制单元、开关站现地控制单元、公用设备现地控制单元等,如果将泄洪闸门的控制纳入电站计算机监控系统,则现地级还应包括泄洪闸门现地控制单元。现地控制单元一方面与电站生产过程联系,采集信息,并实现对生产过程的控制,另一方面与电站主控层联系,向它传送信息,并接受它下达的命令。按对象配置 LCU 的优点是,可就近采集各种数据,节省电缆,各个 LCU 之间是相对独立的,某个 LCU 发生故障时不会影响到其他 LCU 的正常运行,并且与电站主控层计算机系统也是相对独立的,电站主控层计算机系统故障时,各 LCU 还能独立地工作,以维持监控系统的安全运行;反之亦然。

2.2.4　开放式系统

1. 开放式系统的特点

随着水利资源的大力开发,水电站的装机容量越来越大,要实现的功能越来越多,计算机系统的规模也就越来越大。由单一厂商包揽控制系统的全部硬件和软件已变得越来越困难了,因而不得不采用由多个厂商提供的硬件和软件。它们之间如何统一接口、如何协调工作就成为非常关键的问题。随着生产技术的发展,原有计算机监控系统的规模和功能也需要扩充,新增加的硬件设备如何与原有系统连接就是个大问题;由于过去各厂商之间的硬件和软件接口不标准,使扩充工作难以进行,以致不得不废弃原来的一些硬软件,甚至更新整个系统,造成了投资的大大增加。随着系统的扩充,有时需要开发一些新的软件,如何处理原有软件,能否保留之,如何统一接口,都是需要解决的问题。

随着计算机技术的发展,特别是精简指令系统计算机(Reduced Instruction Set Computer,简称 RISC)技术的出现,使上述问题的解决变得容易了。开放式计算机系统也应运而生。开放式系统的特点如下:

(1)体系结构模块化。需要先将整个系统划分成若干子系统或功能模块,使模块内功能和数据都相对集中,而模块间的信息交换较少,从而便于标准化。

(2)模块接口标准化。接口的标准化简化了模块的连接,增加了各模块的相对独立性,为系统的局部更换奠定了基础。

(3)功能处理分布化。利用标准的接口或介质,将功能相对独立的模块分布到若干个处理器上,既可大幅度提高整个系统的处理能力,又可使系统的可扩性增强,使局部升级得以实现。新开发的一些开放式系统,大都以 LAN 为核心骨架,连接作为人机系统的一系列工作站以及负责数据采集和监控 SCADA(Supervisory Control And Data Acquisition)、网络分析处理的一系列服务器。这种模式也称作大模块横向分布式体系结构。

(4)应用软件的可移植性。当硬件和操作系统,即一种计算机平台更换时,用户所开发的应用软件仍能移植到新的计算机平台上,因而用户的软件资源可以得到保护。

(5)不同系统之间的相互操作性。在多厂家计算机组成的网络系统中,用户可以共享网络中的各种资源,包括硬件、软件、信息等,在这种共享操作中不需要用户进行特殊识别和转换等处理。

这些开放式系统的特点使供货厂商和用户都获得了好处,他们可以使用第三方产品来减少开发和实现周期,可以通过使用最佳性价比的产品优化配置。系统的更新将不再是完全替换,其硬件和软件投资者的利益均得到了保护,系统可以不断升级和发展以融入新的先进技术。

开放式系统在一些水电站已得到了应用,今后将成为主要的模式。

2. 开放式分层全分布系统

以往的分层分布系统中,都有一个或多个(冗余系统)主计算机用于存放监控系统的数据库。监控系统中各个子系统,诸如操作员工作站、现地控制单元等,虽然通过网络连接,具备了共享信息的条件,但由于采用的是集中式系统数据库,网络中各节点的工作往往对系统数据库有相当的依赖性,一旦主机出现故障,全系统功能将受到影响。以分布式数据库为特征的开放式分层全分布系统是监控系统的一种新结构模式,在此系统中,网络上各节点具有一定的功能,而且在各节点上分布着与该节点功能相关的数据库。该系统中的电站主控层计算机也只是网络中的一个节点,其数据库只是为了实现该节点对应的全站统计、AGC、AVC 功能,而不是全站唯一的总数据库。这样,在网络上各节点之间可进行所需信息的交换,而不再依赖于电站主控层计算机。例如,操作员工作站可以在电站主控层计算机未投入运行的情况下,从各现地控制单元采集数据、更新画面,也可将运行人员在工作站上下达的操作命令通过网络直接传送给现地控制单元去执行,而不需通过电站主控层计算机转发。整个系统中各设备都遵循 IEEE、ISO、IEC 等有关标准接入一个全开放式总线网络。

总之,水电站计算机监控系统的结构形式多种多样,但最主要的和最基本的形式是集中式监控系统和分层分布式监控系统。功能分散式监控系统是集中式监控系统的演化和派生,它只是在功能上由原来的一台计算机集中承担,演变为两台或多台计算机共同承担,从形式上仍然属于集中式计算机监控系统。开放式分层全分布系统是分层分布式计算机监控系统的发展,其形式特点仍然归属于分层分布式计算机监控系统。

2.3　水电站计算机监控系统的分类

从这些年来水电站计算机监控技术发展的情况来看,其监控系统的分类一般可以根据计算机的作用、配置、系统结构、控制的层次、功能及操作方式等不同原则来划分。

1. 按计算机的作用分类

(1)以计算机为辅、常规设备为主的监控系统。

(2)以计算机为主、常规设备为辅的监控系统。

（3）取消常规设备的监控系统,即全计算机监控系统。

2. 按计算机的配置分类

（1）单计算机系统。

（2）双计算机系统或双计算机系统带前置机系统。

（3）多计算机系统或多计算机系统带前置机系统。

3. 按计算机的系统结构分类

（1）集中式计算机监控系统。

（2）分布式计算机监控系统。

4. 按控制的层次分类

（1）直接式计算机监控系统。

（2）分层式计算机监控系统。

5. 按功能与操作方式分类

（1）专用型计算机监控系统。

（2）集成型计算机监控系统。

2.4　水电站计算机监控常用的计算机类型

在水电站监控系统中微机处于核心地位。适用于水电站监控的典型微型计算机有工业级微型计算机即工控机 IPC、可编程序控制器 PLC 和单片机。

2.4.1　工控机

个人计算机,即 PC 机是不适用于工业控制领域的,但 PC 机具有广阔的硬件支持厂商和丰富的软件产品,软硬件开发环境好,开发工具丰富,有良好的用户界面和图形显示功能,因此 PC 机对工业控制领域的吸引力是巨大的。在这种背景下对 PC 机进行改造（如提高抗干扰能力,提高防震能力等）产生了工业级 PC 机,即工控机 IPC。工控机是工业级的微型计算机,构成其硬件的元素基本与个人微型计算机相同,工控机的硬件结构可以分为三种：第一种类似于普通的台式个人微型计算机,称为普通型工控机；第二种是一体化工控机；第三种是模块化工控机。

工控机 IPC 与普通 PC 机是兼容的,在普通 PC 机上运行的 DOS（磁盘操作系统）系统、Windows（视窗软件）、各种实时多任务操作系统等软件均可在工控机 IPC 机上运行。

工控机是面向控制的计算机,工控机的应用软件可在 DOS 操作系统平台、Windows 操作系统平台和网络平台上运行。应用软件采用高级语言编制为主,也有采用高级语言和汇编语言混合编程的。对于简单的小型控制系统,可以利用工控机制造厂商提供的用于控制的组态软件。利用这些现成的组态软件开发速度较快,但是局限性较大,这些软件是按照通用系统进行设计、编制的,且这些软件以西文为主,在国内使用不是很方便,对控制系统中很多特殊要求无法满足。因此,对于水电站计算机监控系统这种复杂的控制系统,工控机的应用软件通常是由开发研究单位根据被监控的水电站设备要求而设计、编制的。

工控机在水电站计算机监控系统中主要作为上位机、前置计算机,其数据存储、管理能力较强,人机界面友好,电站运行人员容易掌握使用。从工控机的性能来看,其也可以作为现地控制单元计算机。

下面对普通型工控机、一体化工控机和模块化工控机的硬件结构分别进行介绍,并着重介绍普通型工控机。

1. 普通型工控机

普通型工控机的硬件组成一般有机箱、CPU 卡、显示卡、硬盘、软盘驱动器、电子盘卡、数据采集卡、控制输出卡、通信卡、显示器、键盘等,这些组成部分中除机箱、CPU 卡外,其他部分是根据工控机的使用场合来组合选用的。

(1)机箱。工控机 IPC 的机箱采用全钢封闭式结构,可以有效防止电磁干扰,全封闭的钢机箱可以上屏安装,工控机机箱内的电源采用开关电源,给计算机提供高质量的电源,电源的平均无故障工作时间(MTBF)至少在 50000 h 以上。

在工控机机箱上除个人计算机所具有的负压风扇外,还在机箱的正面装有正压风扇,并加装空气过滤器。为了满足扩展需要,工控机机箱中的插槽数量上也多于 PC 机,有 14 个 PC/AT 插槽。

(2)CPU 卡。工控机 CPU 卡上有中央处理单元 CPU 芯片、两个串行口、一个并行口、软/硬驱接口、高速缓冲存储器、看门狗定时器、键盘接口等,可在 60℃ 条件下运行。根据使用需要可以选用 386、486、奔腾 586CPU 卡,IPC 机的 CPU 卡基本同 PC 机相类似,但 PC 机的 CPU 卡通常没有看门狗定时器,且在 40℃ 以下运行。

(3)显示卡。IPC 机中的显示卡用于向显示器传送显示信号,所起的作用与 PC 机中的显示卡一致。对于没有显示器的工控机,工控机的机箱中将不配置显示卡。

(4)硬盘、软驱、电子盘卡。根据需要通常在 IPC 机中配置硬盘、软盘驱动器、电子盘卡等,在 PC 机中通常只配置硬盘和软盘驱动器,而没有电子盘卡。

(5)数据采集卡、控制输出卡。数据采集卡、控制输出卡是 IPC 机中特有的板卡。数据采集卡有开关量 I/O 采集卡、模拟量 A/D 采样卡等,控制输出卡有开关量输出控制卡、模拟量 D/A 输出控制卡等,这些板卡有各种型号和规格,可根据需要选用。

(6)通信卡、显示器。通信卡主要用于 IPC 机。显示器通常是普通 PC 机的标准配置,但对于 IPC 机来说却不是标准配置,在许多应用场合中,IPC 机不需配置显示器,当然也有许多场合是需要配置显示器的。配置的显示器也不是 PC 机通常的 14 英寸,而是 20 英寸或 21 英寸。

(7)键盘。键盘是 PC 机的标准配置,PC 机配置有 101 键或 102 键标准键盘。但对于 IPC 机来讲,键盘却不是其标准配置,考虑到调试程序的方便,IPC 机现在也往往带有 101 键或 102 键标准键盘。根据使用场合不同,有的工控机的键盘带有防水等功能。

2. 一体化工控机

一体化工控机的硬件特征是显示器、薄膜键盘、CPU 卡、软盘驱动器、硬盘等与机箱组成为一体,结构紧凑。一体化工控机箱小巧,如台湾研华产品,所带显示器尺寸有 14 英寸、15 英寸,也有 10 英寸规格。一体化工控机所带显示器可以是彩色 CRT 阴极射线管显示器,也可以是彩色液晶显示器。有的显示器还带有触摸屏,取代薄键盘。显示器的分辨率有 1024×768、600×480、640×200。在一体化工控机的机箱前面带有薄膜键,但由于机箱面积所限,薄膜键的数量要少于标准键盘,因此,一体化工控机带有 101 键标准键盘的接口,以便于程序编制和调试。一体化工控机的机箱,其结构也是可以上屏的,以便于组成计算机控制系统。根据不同的型号,机箱内的插槽数量为 4~10 个 PC/AT 插槽。机箱内的 CPU 卡根据使用需要选用,可以选用 386、486、奔腾 586 CPU 卡,以组成不同档次的一体化工控机。其他的电子盘卡、数据采集卡、控制输出卡、通信卡等也可根据需要选用,以便组成满足使用要求的一体化工控机。

3. 模块化工控机

模块化工控机的各种插件卡做成模块,机箱为插件架,通常不配显示器和键盘。

2.4.2　可编程序控制器

可编程序控制器,英文为 Programmable Logic Controller,简称 PLC。可编程序控制器是采用微机技术的通用工业自动化装置,专为在工业现场应用而设计,它采用可编程序的存储器,用以在其内部存储执行逻辑运算、顺序控制、定时/计数和算术运算等操作指令,并通过数字式或模拟式的输入、输出接口,控制各种类型的机械或生产过程。PLC 是微机技术与传统的继电接触器控制技术相结合的产物,它克服了继电接触器控制系统中的接线复杂、可靠性低、功耗高、通用性和灵活性差的缺点,充分利用了微处理器的优点,又照顾到现场电气操作维修人员的技能与习惯。特别是 PLC 的程序编制,采用了一套以继电器梯形图为基础的简单指令形式,使用户程序编制形象、直观、方便、易学,并且调试与查错也很方便。用户在购到所需的 PLC 后,只需按说明书的提示,做少量的接线和简易用户程序的编制工作,就可灵活方便地将 PLC 应用于生产实践。

可编程序控制器是 20 世纪 60 年代末在美国首先出现的,当时叫可编程逻辑控制器,目的是用来取代继电器,以执行逻辑判断、计时、计数等顺序控制功能。其基本设计思想是把计算机功能完善、灵活、通用等优点和继电器控制系统的简单易懂、操作方便、价格便宜等优点结合起来。另外,可编程序控制器的硬件是标准的、通用的。根据实际应用对象,将控制内容写入控制器的用户程序内,控制器和被控对象连接也很方便。随着半导体技术,尤其是微处理器和微型计算机技术的发展,到 70 年代中期以后,已广泛地使用微处理器作为中央处理器,输入输出模块和外围电路都采用了中、大规模甚至超大规模的集成电路,这时可编程序控制器不仅具有逻辑判断功能,还同时具有数据处理、调节和数据通信功能。

可编程序控制器对用户来说是一种无触点设备,改变程序即可改变生产工艺,因此可在初步设计阶段选用可编程序控制器,在实施阶段再确定工艺过程。从制造生产可编程序控制器的厂商角度看,在制造阶段不需要根据用户的订货要求专门设计控制器,适合批量生产。由于这些特点,可编程序控制器问世以后很快受到工业控制界的欢迎,并得到迅速的发展。目前,可编程序控制器已成为工业自动化的强有力工具,得到了广泛的推广和应用。世界著名的 PLC 生产厂家主要有美国的 AB(AllenBradly)公司、GE(General Electric)公司、日本的三菱电机(Mitsubishi Electric)公司、欧姆龙(OMRON)公司、德国的西门子(Siemens)公司和法国的 TE(Telemecanique)公司等。

1. PLC 的分类

PLC 一般可按 I/O 点数和结构形式来分类。

(1)按 I/O 点数分类。PLC 按 I/O 总点数可分为小型、中型和大型三类。小于 512 点为小型 PLC(其中小于 64 点为超小型或微型 PLC);512~2048 点为中型 PLC;2048 点以上为大型 PLC(超过 8192 点为超大型 PLC)。这个分类界限不是固定不变的,它会随 PLC 的发展而改变。

(2)按结构形式分类。PLC 按结构形式可分为整体式和模块式。

①整体式 PLC,又称单元式或箱体式 PLC。整体式 PLC 是将电源、CPU、I/O 部件都集中装在一个机箱内。其结构紧凑、体积小、价格低,一般小型 PLC 采用这种结构。整体式 PLC 由不同 I/O 点数的基本单元和扩展单元组成。基本单元内有 CPU、I/O 和电源。扩展单元内只有 I/O 和电源。基本单元和扩展单元之间一般用扁平电缆连接。整体式 PLC 一般配备有特殊功能单元、位置控制单元等,使 PLC 的功能得以扩展。

②模块式 PLC。模块式 PLC 是将 PLC 各部分分成若干单独的模块,如 CPU 模块、I/O 模块、电源模块(有的包含在 CPU 模块中)和各种功能模块。模块式 PLC 由框架和各种模块组成,模块插在插座上。模块式 PLC 其配置灵活,装配方便,便于扩展和维修。一般大、中型 PLC 采用模块式结构,有的小型 PLC 也采用这种结构。

有的 PLC 将整体式和模块式结合起来,称为叠装式 PLC。它除基本单元和扩展单元外,还有扩展模块和特殊功能模块,配置比较灵活。

2. PLC 的结构及各部分的作用

PLC 的类型繁多,功能和指令系统也不尽相同,但结构与工作原理则大同小异,通常由主机、输入/输出接口、电源、编程器、扩展器接口和外部设备接口等几个主要部分组成。

(1)主机。主机部分包括中央处理器(CPU)、系统程序存储器和用户程序及数据存储器。CPU 是 PLC 的核心,它用以运行用户程序、监控输入/输出接口状态、进行逻辑判断和数据处理,即读取输入变量、完成用户指令规定的各种操作,将结果送到输出端,并响应外部设备(如编程器、打印机等)的请求以及进行各种内部判断等。PLC 的内部存储器有两类,一类是系统程序存储器,主要存放系统管理和监控程序以及对用户程序作编译处理的程序,系统程序已由厂家固定,用户不能更改;另一类是用户程序及数据存储器,主要存放用户编制的应用程序及各种暂存数据和中间结果。

(2)输入/输出(I/O)接口。I/O 接口是 PLC 与输入/输出设备连接的部件。输入接口接收输入设备(如按钮、传感器、触点、行程开关等)的控制信号。输出接口是主机经处理后的结果通过功放电路驱动输出设备(如接触器、电磁阀、指示灯等)。I/O 接口一般采用光电耦合电路,以减少电磁干扰,从而提高了可靠性。I/O 点数即输入/输出端子数是 PLC 的一项主要技术指标。

(3)电源。电源是指为 CPU、存储器、I/O 接口等内部电子电路工作所配置的直流开关稳压电源,通常也为输入设备提供直流电源。

(4)编程器。编程器是 PLC 主要的外部设备之一,用于手持编程,用户可用以输入、检查、修改、调试程序或监视 PLC 的工作情况。除手持编程器外,还可通过适配器和专用电缆线将 PLC 与电脑连接,并利用工具软件进行电脑编程和监控。

(5)输入/输出(I/O)扩展单元。I/O 扩展接口用于将扩充外部输入/输出端子数的扩展单元与基本单元(即主机)连接在一起。

(6)外部设备接口。此接口可将编程器、打印机、条码扫描仪等外部设备与主机相连,以完成相应的操作。

3. PLC 的工作原理

PLC 是采用"顺序扫描,不断循环"的方式进行工作的,即在 PLC 运行时,CPU 根据用户按控制要求编制好并存于用户存储器中的程序,按指令地址序号(或地址号)周期性循环扫描,如无跳转指令,则从第一条指令开始逐条顺序执行用户程序,直至程序结束。然后重新返回第一条指令,开始下一轮新的扫描。在每次扫描过程中,还要完成对输入信号的采样和对输出状态的刷新等工作。

PLC 扫描一个周期必须经过输入采样、程序执行和输出刷新三个阶段。

输入采样阶段:先以扫描方式按顺序将所有暂存在输入锁存器中的输入端子的通断状态或输入数据读入,并将其写入各对应的输入状态寄存器中,即刷新输入。随即关闭输入端口,进入程序执行阶段。

程序执行阶段:按用户程序指令存放的先后顺序扫描执行每条指令,经相应的运算和处理后,其结果再写入输出状态寄存器中,输出状态寄存器中所有的内容随着程序的执行而改变。

输出刷新阶段:当所有指令执行完毕,输出状态寄存器的通断状态在输出刷新阶段送至输出锁存器中,并通过一定的方式(继电器、晶体管或晶闸管)输出,驱动相应输出设备工作。

4. PLC 的特点

(1)可靠性高。由于采取了一系列保证 PLC 高可靠性的措施,PLC 的平均无故障时间一般可达 30000~50000 h。PLC 环境适应性强,能在工业环境下可靠地工作。PLC 的高可靠性已受到用户普遍认可,这是 PLC 得到广泛应用的重要原因之一。

保证 PLC 高可靠性的主要措施有:进行良好的综合设计(综合考虑整体的可靠性),选用优质元器件,采用隔离、滤波、屏蔽等抗干扰技术,采用先进的电源技术,采用实时监控技术和故障诊断技术,采用冗余技术,选用良好的制造工艺。

(2)编程简单。PLC 最常见的编程语言是梯形图语言。梯形图与继电器原理图相类似,这种编程语言形象直观,容易掌握,不需要专门的计算机知识,便于广大现场工程技术人员掌握。当生产流程需要改变时,可以现场改变程序,使用方便、灵活。在大型 PLC 中还有 Basic 等高级编程语言,以便满足各种不同控制对象和不同使用人员的需要。

(3)通用性强。各个 PLC 的生产厂家都有各种系列化产品、各种模块供用户选择。用户可以根据控制对象的规模和控制要求,选择合适的 PLC 产品,组成所需要的控制系统。在进行应用设计时,一般不需要用户制作任何附加装置,从而使设计工作简化。

(4)体积小、结构紧凑、安装维护方便。PLC 体积小,重量轻,便于安装。PLC 具有自诊断、故障报警、故障种类显示功能,便于操作和维修人员检查,可以通过更换模块插件,迅速排除故障。PLC 的结构紧凑,它与被控制对象的硬件连接方式简单,接线少,便于维护。

5. PLC 在水电站监控系统中的应用

水电站的很多机电设备中的控制均是顺序控制,而 PLC 特别适用于顺序控制,因此从某种程度上讲 PLC 已经成为微机监控系统的核心。PLC 主要应用在水轮发电机自动控制、励磁系统控制和附属设备控制等场合中。

2.4.3　单片机

单片机因将其主要组成部分集成在一个芯片上而得名,具体说就是把中央处理器 CPU (Central Processing Unit)、随机存储器 RAM(Random Access Memory)、只读存储器 ROM (Read Only Memory)、中断系统、定时器/计数器以及 I/O(Input/Output)接口电路等主要微型机部件,集成在一块芯片上。虽然单片机只是一个芯片,但从组成和功能上看,它已具有计算机系统的特点,为此称为单片微型计算机 SCMC(Single Chip Micro Computer),简称单片机。单片机主要应用于控制领域,用以实现各种测试和控制功能,为了强调其控制属性,也可以把单片机称为微控制器 MCU(Micro Controller Unit)。在国际上,"微控制器"的叫法似乎更通用,而在我国则比较习惯于"单片机"这一名称,因此本书采用"单片机"一词。

由于单片机在应用时通常是处于被控系统的核心地位,以嵌入的方式进行使用,为了强调其"嵌入"的特点,也常常将单片机称为嵌入式微控制器 EMCU(Embedded Micro Controller Unit),在单片机的电路和结构中有许多嵌入式应用的特点。

1.单片机的类型

根据控制应用的需要,可将单片机分为通用型和专用型两种。

通用型单片机是一种基本芯片,它的内部资源比较丰富,性能全面且适用性强,能覆盖多种应用需求。用户可以根据需要设计成各种不同应用的控制系统,即通用型单片机有一个再设计的过程,通过用户的进一步设计,才能组建一个以通用型单片机芯片为核心再配以其他外围电路的应用控制系统。

在单片机的控制应用中,有许多时候是专门针对某个特定产品的,例如电度表和 IC 卡读写器上的单片机等,这种单片机称为专用型单片机。

2.单片机的程序设计语言和软件

这里提到的单片机程序设计语言和软件,主要是指在开发系统中使用的,因为在单片机开发系统中可能使用机器语言、汇编语言和高级语言,而在单片机应用系统中只使用机器语言。

机器语言是以二进制代码表示的单片机指令,用机器语言构成的程序称为目标程序。汇编语言是用符号表示的指令,是对机器语言的改进,是单片机最常用的程序设计语言。虽然机器语言和汇编语言都是高效的计算机语言,但它们都是面向机器的低级语言,不便于记忆和使用,且与单片机硬件关系密切,这就要求程序设计人员必须精通单片机的硬件系统和指令系统。

3.单片机在水电站微机监控系统中的应用

单片机已经在水电站微机监控系统中获得广泛的应用,包括在温度巡检、故障诊断等方面。例如某些励磁调节器中,就专门配置了单片机用于调节器的电源故障、脉冲故障、软件故障的检测和通道间的自动切换。

思考题

1. 水电站计算机监控方式的演变经历了哪几个过程?
2. 水电站计算机监控系统一般可划分为几种基本结构? 各种结构有什么特点?
3. 集中式计算机监控系统有哪三种备用方式? 各有何特点?
4. 分散式处理计算机监控系统有何特点?
5. 水电厂采用分层分布式控制系统时一般分成哪三个层次?
6. 与集中控制方式相比,分层控制方式有哪些优点和缺点?
7. 水电站计算机监控系统有哪些分类方法? 按计算机的作用可将其分为哪几类?

8. 水电站计算机监控系统按计算机结构分类可分为哪两种？各有何优缺点？

9. 什么是可编程序控制器？它有哪些特点？

10. 什么是单片机？它有哪些特点？

11. 可编程序控制器和单片机在水电站计算机监控中应用范围有何不同？分别应用于哪些方面？

12. 适用于水电站计算机监控系统的典型微型计算机有哪几种？

第3章 水电站计算机监控的模式与配置

◆◆ 学习目标

1. 了解水电站计算机监控系统两种模式的特点
2. 掌握水电站计算机监控系统的主要内容
3. 理解水电站计算机监控系统的配置要求

3.1 水电站计算机监控的两种模式

从国外的发展和实践情况来看,水电站计算机监控系统大体上可分为两种模式,即专用型计算机监控系统和集成型计算机监控系统。专用型计算机监控系统(以下简称专用型系统)主要是由原传统上从事发电厂设备及其控制的公司开发的。它们以常规控制的方法为出发点,逐渐将计算机技术应用到水电站的控制之中。集成型计算机监控系统又称通用型计算机监控系统,是由原从事计算机技术研究的公司开发的。它们将计算机推广到水电站控制的应用中,明显地保留了计算机控制的思维方法,并用这种思维方法来改造或适应水电站控制的要求。

3.1.1 专用型系统

专用型系统是在常规控制基础上,仍然保留集控台控制面板的模式,如强电控制、弱电选线控制、强电小型化等,仍然使用二次接线图的习惯,采用梯形图的方法,不需特别学习计算机编程。这里主要是指利用大规模集成芯片或 OEM(Original Equipment Manufacturer,即原始设备生产商)模件,构成一种适合于水电站生产过程控制的专用计算机监控系统。一般来说,它不直接应用于市场上的控制计算机。

3.1.2 集成型系统

集成型系统是一种所谓计算机化的水电站监控系统。计算机系统作为一项新发展起来的技术,有一套全新的硬件和软件相结合而发挥强大功能的特殊结构以及不同于水电站常规方式的操作方法,它在构成系统时以最方便的方式接入计算机,最直接地发挥计算机的功能(市场上销售的计算机不需作重大技术改造,以集成的方法即可构成监控系统的方式)。

3.1.3　两种模式的比较

上述两种典型模式从不同侧面反映了现代水电站控制技术的发展历程,都有其应用实例。专用型系统及其相似系统都是 1982 年前后推出的,反映了当时技术发展的一种趋势,其主导思想是按照水电站监控原有的要求和习惯,推出的一种"朴实"的监控系统,在系统的计算功能上能满足习惯性的控制要求。由于全系统各种工作站(控制终端)均采用同样的模块,备件的品种和数量都较少,但这些备件必须由原供货厂家提供。

集成型系统由于直接采用通用的控制计算机接口,在国内较容易选购配件并进行维护。由于控制计算机的研究和监控系统其余部分的研究可以分开进行,且技术更新快,可以进行部分改进,特别适用于计算机技术飞速发展而价格迅速下降的今天。

3.2　水电站计算机监控系统的内容

水电站计算机监控是指通过对水电站各种设备信息进行采集、处理,实现自动监测、控制、调节和保护。水电站计算机监控的具体内容在不同的水电站有所不同,但一般都包括以下基本内容:通过监测电站设备的运行情况,根据实际水能状况和电力调度要求自动控制和调节机组发电,并通过各项保护措施,及时报警或进行故障处理,确保设备与人员安全。具体分为水电站机组的监控和水电站机组附属设备的监控、水电站升压站设备的监控、水电站辅助设备的监控和水工设施的监控等。

3.2.1　水电站机组的监控

水电站机组的监控内容为机组的监测、控制、调节和保护。

1. 机组的监测

水电站机组的监测对象为水轮发电机组,测量内容一般为发电机三相电压、三相电流、频率、有功功率、无功功率、功率因数、励磁电流、励磁电压、有功电能、无功电能、定子温度、轴承温度、技术供水水压、蜗壳压力、顶盖压力、尾水管压力(真空)、主轴的摆度和导叶开度等。

2. 机组的控制

水电站机组的控制操作对象是机组,包括机组的自动开机、自动同期并网、自动停机、故障自动报警、事故紧急停机等。

3. 机组的调节

水电站机组的调节主要是针对并入电网担负基荷的机组而言的,调节的内容为根据实际水能状况和电力调度要求,通过控制导叶开度和发电机励磁电压(或电流)调节机组的有功功率和无功功率(或功率因数)。对于在电网中担负调频任务的水电站机组来讲,频率调节是由水轮机调速器自动完成的,电压调节是由发电机励磁调节系统自动完成的,机组计算机控制系统对水轮机调速器和发电机励磁调节系统进行控制,实现机组的频率和电压自动调节。

4. 机组的保护

对水电站机组的保护分为电气保护和机械保护。

（1）电气保护。机组的电气保护是指发电机的电气保护，主要内容有差动保护、过电流保护、过电压保护、过负荷保护、欠电压保护、低频保护、零序保护、负序保护、转子一点接地保护等。保护对象是发电机，对于不同的机组，保护的数量和种类是有差别的。

（2）机械保护。机组的机械保护的内容主要有机组过速、技术供水中断、导叶剪断销剪断、轴承温度过高、轴承油位过高或过低、刹车气（油）源压力过低、定子温度过高等。不同的机组，保护的数量和种类同样是有差别的。

3.2.2 水电站机组附属设备的监控

水电站监控的机组附属设备主要包括调速器、励磁系统和主阀（闸门）。机组附属设备监控的内容包括机组附属设备的监测和控制。机组附属设备的保护由调速器和励磁系统自身实现，监控系统采集有关故障或事故信息，实施故障报警或事故处理。

1. 机组附属设备的监测

机组附属设备主要监测：调速器油压、励磁电压、励磁电流、主阀（闸门）全开和全关位置、调速器和励磁系统的故障状态等。

2. 机组附属设备的控制

调速器和励磁系统的控制主要是根据机组的调节要求，实现有功功率、频率（转速）和无功功率、电压的自动控制。水电站在正常运行的情况下，进水主阀（闸门）处于开启状态，在机组正常开停机操作过程中是不工作的，但在下列几种情况下必须操作进水主阀（闸门）：① 若水轮机的导叶被杂物卡住或其他原因不能关闭，或者水轮机导叶漏水严重，正常运行停机时由于机组不能停下来，要求关闭进水主阀（闸门）。② 当引水管破裂时，通过关闭进水阀门来切断水流，保证水电站的安全。

3.2.3 水电站升压站设备的监控

水电站升压站监控的设备主要包括主变压器、线路、断路器、隔离开关等。监控的内容有升压站设备监测、控制和保护。厂用电的监控也可以归纳到升压站监控系统。

1. 升压站设备的监测

升压站设备的监测内容为主变压器的三相电压、三相电流、功率因数、有功功率、无功功率、温度等，出线的三相电压、三相电流、功率因数、有功功率、无功功率、有功电能、无功电能等，断路器和隔离开关的分合闸位置等。

2. 升压站设备的控制

水电站升压站的控制主要是根据电站的运行工况来控制断路器的分合，隔离开关一般是采用手动操作，当隔离开关配上辅助接点和电动或电磁操作机构时，也可由计算机控制操作。

3. 升压站设备的保护

水电站升压站设备的保护主要是主变压器和线路的保护，有些电站还有母线保护。

（1）主变压器保护。主变压器保护的主要内容有差动保护、过电流保护、过电压保护、过负荷保护、重瓦斯和轻瓦斯保护、温度过高保护等。对于不同的变压器，保护的数量和种类不同。

（2）线路保护。小型水电站出线电压等级与电站装机容量和电力系统结构有关，典型的出线电压是 10 kV 和 35 kV。线路保护的主要内容有电流速断保护、过电流保护、过电压保护、欠电压保护、过负荷保护、零序保护等。对于不同的线路,保护的数量和种类是不同的。装机容量较大的电站出线采用 110 kV 电压等级,还要求增加距离保护等。

3.2.4　厂用电的监控

厂用电的监控包括测量厂用变压器的三相电压、三相电流、功率因数、有功功率、无功功率、有功电能、无功电能和厂用直流电的直流电压、控制交直流厂用电的自动开关和接触器等,还包括厂用变压器和直流系统的保护。厂用变压器保护主要有过电流保护、过电压保护、过负荷保护等。厂用直流系统的保护主要有直流系统接地、充电机故障等。对于不同的厂用变压器和直流系统,保护是有差别的。

3.2.5　水电站辅助设备的监控

水电站监控的辅助设备主要包括水电站的油、水、气系统。水电站辅助设备的监控内容为水电站辅助设备的监测和控制。

1. 水电站辅助设备的监测

水电站辅助设备的监测内容有油压(用于调速器和刹车系统)、技术供水(冷却水)水压、高低压压缩空气气压、集水井水位、技术供水(冷却水)电磁阀全开和全关位置等。

2. 水电站辅助设备的控制

小型水电站的油系统、检修排水系统比较简单,对自动化要求较低,所以水电站辅助设备的控制系统主要包括技术供水(冷却水)系统、渗透排水系统、高低压压缩空气系统或油系统(用于调速器和刹车系统)。监控系统根据机组的开停工况,控制技术供水水泵和阀门;根据集水井水位的高低,控制排水水泵的启停;根据高低压储气罐中的压力高低,分别控制高低压空气压缩机的启停;根据储油罐中的压力高低,分别控制油罐压缩机的启停。小型水电站辅助设备的自动控制系统可以由可编程序控制器(PLC)实现,也可以通过简单的常规继电器实现自动控制。对于大中型水电站,其辅助设备的控制系统相对复杂,除上述内容以外,还包括消防供水系统、检修排水系统以及其他系统的控制。

3.2.6　水工设施的监控

水电站监控的水工设施主要有防洪闸门(包括泄洪闸门)、进水口拦污栅、前池等。水工设施监控的内容有水工设施的监测和控制。

1. 水工设施的监测

水工设施的监测内容有防洪闸门位置、拦污栅前后压差、前池或上下游的水位等。

2. 水工设施的控制

水工设施的控制内容根据防洪调度要求,控制防洪闸门(包括泄洪闸门)的启闭;根据拦污栅前后压差,人工或自动清理垃圾;根据前池或上下游的水位,控制机组出力。

3.3　水电站计算机监控系统的配置

计算机监控系统主要由硬件和软件两大部分组成。硬件是指组成计算机监控系统的物理设备,主要包括上位机、现地控制单元、电源、防雷和抗干扰设备;软件主要分为上位机软件和现地控制单元软件。计算机监控系统硬件和软件的配置需根据具体电站对计算机监控系统功能任务的要求和对性能指标的要求进行选择,但一般来说应满足以下基本要求。

3.3.1　硬件配置基本要求

1. 上位机的基本要求

(1)应选用耐高温、防尘、防震的工业应用型产品,使之适合实时控制、能满足系统功能和性能要求。

(2)对于发电机出线电压为 400 V 的小型水电站,考虑到大电流引起的电磁干扰,宜配置 LCD 显示器。

(3)应配置数据记录设备,如刻录机、打印机等,便于历史数据与资料的记录、保存。

2. 现地控制单元的基本要求

(1)测量、控制、保护宜采用多 CPU 系统完成,在确保可靠的前提下,可将各功能综合在一套微机系统中。

(2)顺序控制宜采用可编程序控制器(PLC)完成。

(3)开关量输入/输出点数、模拟量输入/输出点数应大于实际使用的点数并留有足够的余量,输入/输出模块应留有 5%～20% 的备用点。

(4)为了便于控制操作及参数、状态的显示,可编程序控制器(PLC)可配置液晶触摸屏来代替常规的开关、按钮及指示灯,液晶触摸屏的尺寸应不小于 5.9 英寸。

(5)电量、非电量变送器的输出信号应优先选用 4～20 mA。

(6)自动化元件应尽量选用质量可靠、有长期运行经验的产品。对于有水库的水电站,应考虑到由于夏季温差大,示流器等自动化元件容易产生冷凝水的现象,选用能在此工作条件下正常运行的自动化产品。

3. 电源

(1)应配置在线式不间断电源 UPS 或逆变电源。不间断电源(或逆变电源)要满足下列具体要求:

①额定容量按 1.5～2 倍正常负载容量考虑。

②输入电压:AC220 V±10% 或 DC88～127 V(110 V 额定值)或 DC176～253 V(220 V 额定值)。

③输出电压:AC220 V±2%。

④输出电压波形:正弦波 50 Hz±1%。

⑤波形失真小于 5%。

⑥不间断电源备用电池维持时间不少于 30 min。

(2)单机容量小于 800 kW,发电机电压为 400 V 的农村小型水电站,可以不设置直流系统。配置的电源应采取稳压稳频措施,确保水电站甩负荷时引起的过电压和过速(频率过高)不会损坏计算机监控设备。

(3)开关量输入、输出电源回路应分开设置。

4. 防雷和抗干扰

(1)水电站计算机监控系统必须采取防雷和防过电压等抗干扰措施,特别是监控设备的供电电源、模拟量输入口和通信接口等。

（2）模拟量输入应采用对绞屏蔽加总屏蔽电缆,屏蔽层应在计算机侧接地。对绞的组合应是用同一信号的两条信号线。

（3）开关量的输入宜采用多芯总屏蔽电缆,芯线截面不小于 0.75,输出采用普通控制电缆。

（4）同一电缆的各芯线应传送电平等级相同的信号。

（5）计算机信号电缆尽量单独敷设在一层电缆架上,不与其他电缆混合敷设,并应排列在最下层。

5. 接地

计算机监控系统曾经进行过独立接地网的实践,但这种接地方式在防雷和抗干扰方面都未收到预期效果,尤其是对小型水电站,由于条件的限制,敷设独立接地网十分困难。目前的工程项目中,计算机监控系统均采用电站的公用电气网接地,效果良好,一般不敷设计算机系统专用接地网,接地电阻要求小于 4 Ω。

系统内各设备应保持一点接地的原则,各种性质的接地应采用绝缘导体引至总接地板,由总接地板通过电缆或绝缘导体的金属导体与接地网连接。各种用途接地线的截面选择如表 3-1 所示。

表 3-1　各种用途接地线的截面选择

序号	连接对象	接地线截面（mm^2）
1	总接地板—接地点	35
2	系统地—总接地板	16
3	机柜间链式接地连接线	2.5

另外,现地控制屏应满足用户的使用要求,水电站内屏柜的结构、尺寸、油漆及颜色应尽量统一。

3.3.2　软件配置基本要求

1. 上位机和现地控制单元前置机软件的要求

（1）操作系统应为实时多任务软件。

（2）应采用模块化结构,界面友好。

（3）应用软件应具有自诊断功能。

（4）功能应满足第 4 章 4.2 节有关要求。

2. 现地控制单元软件的要求

（1）可编程序控制器（PLC）软件采用梯形图语言编制。

（2）液晶触摸屏操作软件应方便、直观。

（3）功能应满足第 5 章 5.4 节现地控制单元主要功能的要求。

3. 主接线的要求

屏幕显示的主接线应根据电压等级,采用国家相应规程的颜色标示。

思考题

1. 小型水电站计算机监控系统大体上有几种模式？各种模式有什么特点？
2. 水电站计算机监控的主要内容包括哪几个方面？
3. 水电站计算机监控上位机的基本要求有哪些？

第二部分　应用技术

第4章 上位机控制系统

◈◈ 学习目标

1. 理解上位机系统的结构和主要组成设备
2. 掌握上位机系统的主要功能
3. 理解上位机系统的硬件和软件配置方法

4.1 上位机系统概述

水电站计算机监控系统通常分成两大部分,一是用于全站范围设备控制的部分,称为站级监控系统,二是水轮发电机层的控制部分,称为现地控制系统,按照日文技术文献的叫法前者称为上位机系统,后者常称为下位机控制系统。

上位机系统的目的是要实现集中控制或远方控制。对于前者来说,是要将检测到的数据集中起来进行分析处理,然后再由中控室控制台发出相应的控制命令。而后者主要是将数据发给调度所(梯调或地区调度所),并接收和执行调度所的命令。上位机系统一般由多个工作站、网络设备、语音报警设备、模拟返回屏、卫星同步时钟(GPS)以及防雷保护设备等组成,它的网络拓扑结构如图 4-1 所示。

上位机系统的工作站按其功能和作用不同,可分为操作工作站、通讯工作站和培训工作站等。

操作工作站对整个电站计算机监控系统进行数据计算和处理、数据库管理、在线及离线计算、各种图表及曲线生成、事故故障信号分析处理等,同时供运行值班人员使用,它具有图像显示、全厂运行监视和控制、发布操作控制命令、定值修改、设定与变更工作方式等功能。全站所有的操作控制都可以通过鼠标及键盘实现,通过显示器可以对全站的生产、设备运行作实时监视,并取得所需的各种信息。

通讯工作站设在中控室,远动所需的各种信息量可以直接由通讯工作站经调制解调器上光缆发送,同时通讯工作站可预留将来与其他系统(如水情测报系统)交流信息的通道。

培训工作站上一般安装有多个培训软件,如学习软件、正常操作培训软件、事故处理培训软件、监控系统开发训练软件、顺控流程的离线调试软件和学员成绩评价软件等。这些培训软件可使电站运行和维护人员通过交互式培训、学习,掌握对监控系统的操作和对电站运行以及事故处理等方面的知识。

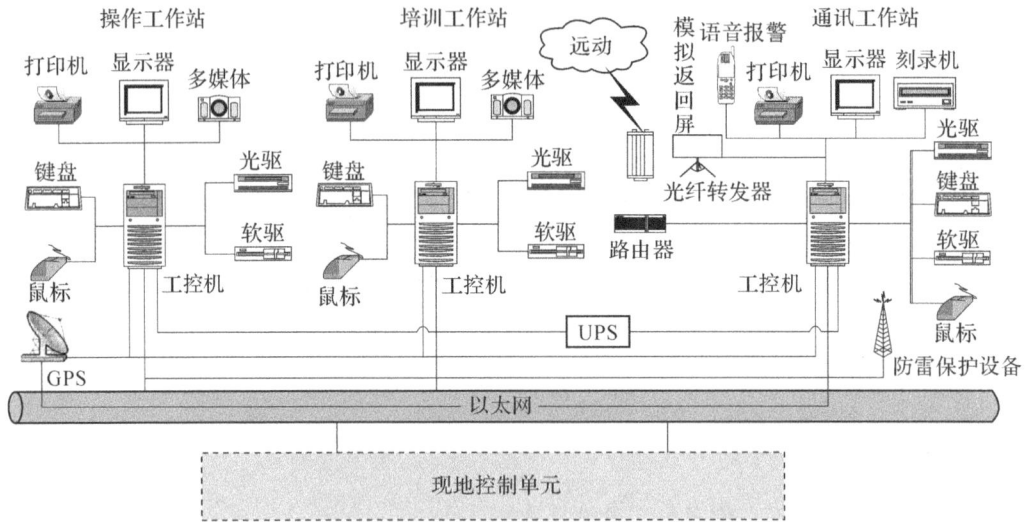

图 4-1　上位机系统网络拓扑结构

电站主控层工作站一般由工控机、显示器、键盘、鼠标和打印机等设备组成。显示器、键盘、鼠标、打印机以及其他设备一般放在一个操作台上,我们称之为控制台。控制台实质上是一个由工作站中的人机接口等设备组成的操作和控制平台。

4.2　上位机系统的功能

在水电站计算机监控系统的总体功能任务中,上位机系统的任务主要是完成对整个电站设备及计算机系统的集中监视、控制、管理和对外部系统通信等功能。其具体功能可包括下列各项。

1. 数据采集功能

周期或随机地自动采集下列数据:

(1)通过计算机网络通信自动采集各现地控制单元的电站设备运行数据。

(2)通过与外部系统通信接收电网调度命令、电站或其他枢纽系统送来的数据。

2. 数据处理功能

数据处理是指对采集的数据进行分析处理并生成数据库,包括下列内容:

(1)对采集的数据进行可用性识别(包括数据合理性及采集通道可用性鉴别),对不可用数据给出标志并进行系统处理。

(2)对采集的模拟量进行越限检查,越限时产生报警报告并自动记录。

(3)对报警的数字量产生报警报告并记录,包括事件顺序记录。

(4)根据监控或管理要求对采集的数据进行各种计算,包括累加和统计计算,趋势或梯度分析。

(5)事件记录功能。将电站所有设备发生的事件如各种越限信号、事故信号、故障信号、控制操作等具体内容按一定事件顺序详尽记录下来,形成数据文件的功能,以便于查询和打印。

（6）事故追忆功能。发生事故时,显示和打印与事故有关的参数的历史值和事故期间的采样值。事故追忆值为出线有功功率、无功功率、三相电压、电流以及频率,主变零序电流、温度,发电机三相电压、电流以及转子电压、电流和有功功率、无功功率。

（7）将有关数据生成数据库,如实时数据库和历史数据库。实时数据库是将从 LCU 采集到并传来的各种物理量经过处理后,分为测量量、状态量、电能量等数据进行存放和管理的数据库,以供不同的画面用于实时显示、事件和操作的提示查询。历史数据库主要包括历史数据和趋势记录等,可用来实现历史数据的保存、历史数据存取和检索的管理以及历史趋势的选点、显示、时间修改、变倍等功能,并且历史数据库可生成数据曲线和数据棒图。

3. 控制与调节功能

控制与调节包括由计算机系统自动启动的控制和调节,以及由运行人员通过计算机系统进行的集中控制和调节。例如:

（1）机组的顺序控制。主要指机组的开/停机操作、同步并网。

（2）断路器、隔离开关和公用设备的控制。

（3）各种运行工况的转换。

（4）机组频率(转速)或有功功率调节。

（5）机组电压或无功功率调节。

（6）自动发电控制(AGC)、自动电压控制(AVC)。

4. 监测功能

（1）运行参数监测。对水电站运行中的各类参数如有功功率、无功功率等进行监视与测量。

（2）运行状态监测。状态变化分为两类:一类为自动状态变化,如由自动控制或保护装置动作而导致的状态变化;另一类为受控状态变化,如由计算机监控系统的命令引起的状态变化。发生这两种状态变化都应显示并打印。

（3）保护动作监测。上位机定时扫描检查各保护装置状态信号,一旦发生动作将随即记录保护名称及其动作时间,并在 CRT 上即时显示并发出音响报警。计算机监控系统对故障状态信号的查询周期一般不超过 2 s。

（4）控制操作过程监视。其主要包括以下几个方面:

①开停机过程监视。开(停)机指令发出后,计算机监控系统自动显示相应的机组开(停)机画面。一般开(停)机画面显示的内容有机组接线图、开(停)机顺控流程图、机组主要参数、棒图(P、Q、I 和 V)以及异常事件列表等。开(停)机过程的流程图实时显示开(停)机过程中每一步骤的执行情况,提示在开(停)机过程受阻时的受阻部位及其原因,进行分步执行或闭环控制等。

此外,设备操作还可采用典型操作票和智能操作票等方式,典型操作票是将各种典型的操作全部列出的操作票,以备调用;智能操作票则是根据当时的实际情况,因地制宜地开列出相应的操作票,供操作员参考使用。

②设备操作监视。当需要进行倒闸操作时,计算机监控系统能够根据全站当前的运行状态及隔离开关闭锁条件,判断该设备在当前是否允许操作,并自动执行该项操作。如果操作是不允许的,则提示其原因并尽可能地提出相应的处理办法。

③厂用电操作监视。当要进行厂用电系统操作时,监控系统根据当前厂用电的运行状

态、设定的厂用电运行方式以及倒闸操作限制条件等,判断某个厂用电断路器或隔离开关在当前是否运行操作,并自动进行操作,或给出相应的提示由人工进行操作。如果操作允许则提示操作的先后顺序,否则提示其原因等。

④辅助设备控制及操作统计。水电站辅助设备的控制一般采用直接控制或干预控制两种方式。前者是水电站的辅助设备直接由计算机监控系统进行控制,这主要适用于重要设备或大型设备。而一般情况下则是采用干预控制的方式,即在正常情况下,由辅助设备的控制系统自主闭环进行控制,计算机监控系统不加干预,仅在特殊情况下,才由计算机监控系统或人为进行干预,并由计算机监控系统进行操作统计,这些统计结果可用来分析设备运行的状况。

5. 人机接口功能

人机接口功能向运行人员提供对全站设备及计算机系统进行监控和管理的接口,包括下列内容:

(1)实时显示电站内各主系统的运行状态、主要设备的动态操作过程、事故和故障报警、有关参数和运行监视图、操作接线图等画面,以及趋势曲线、各一览表、测点索引等,定时刷新画面上的设备状况和运行数据,且对事故报警的画面具有最高优先权,可覆盖正在显示的其他画面,发生事故时自动推出特定画面及处理指导意见。

(2)通过 CRT、鼠标或键盘等输入设备,向计算机系统发出电站设备的监控命令,如机组启停、断路器分合闸、有功功率增减、无功功率增减等命令;对计算机系统进行各种操作,如画面和报表的调用、系统结构操作或参数设定、监控状态设置等。

(3)事故、故障的音响或语音报警、电话报警或查询。

(4)各种记录、报表、操作票等的打印。

(5)提供编辑、软件开发和操作员培训的接口。

6. 统计计算功能

从运行情况评价及"无人值班"(少人值守)验收的要求来看,电站各种事件的统计记录是非常重要的评价依据。统计内容主要包括:

(1)电能统计。监控系统应可方便地对电站日、月、年累积的电度量(按峰、平、谷时段)进行统计计算。统计计算的公式、初始值、结果等应均可由用户在上位机监控软件中定义或修改。

(2)设备投运统计。主要指统计各机组运行和停机时间以及各断路器分与合的次数,由此可计算各设备的投入率及累计运行时间。

7. 打印功能

上位机应能提供定时打印、召唤打印、事故打印等多种打印方式,随时打印各种所需的报表信息。

定时打印是指在设定的时间由上位机自动把一天 24 h 的所有运行数据用报表的方式通过打印机打印出来。

召唤打印是指通过电站工作人员干预,通过一定的操作,让上位机把电站某天或某部分的报表打印出来,或把某天的事故记录、越限记录打印出来。

事故打印是指在电站出现事故时,上位机从打印机上打印出事故设备、事故种类、事故时间等信息。

打印的表格有越限报警报表,事件顺序记录报表,电量分时计量报表,年、月、日生产报表,设备运行状态统计报表。

8. 自诊断功能和故障处理

完成对系统设备的自诊断,包括对硬件和软件、在线和离线的自诊断。故障处理包括对故障设备的隔离,对冗余设备的故障自动切除,非冗余设备在故障消失后的自恢复等。

9. 时钟同步

接收同步时钟的同步时钟信号使电站主控层计算机时钟与标准时钟同步,还可以通过系统网络向各现地控制单元传送时钟同步信号,使现地控制单元时钟同步。

10. 优化运行

水电站计算机监控系统利用中长期洪水预报及实时雨量测报,可使水电站进行优化运行,合理调整水电站的运行,合理分配机组间的负荷,使整个水电站运行的综合效率最高,达到消耗最少的水发出尽量多的电的目的。通过在上位机的监控软件中建立优化运行的数学模型,可实现按水位运行、按系统调度要求运行等优化功能。

4.3　上位机系统的配置

上位级系统各功能节点、网络硬件和软件的配置,需根据具体电厂对计算机监控系统功能任务的要求和性能指标的要求进行选择,包括计算机和网络设备型式、性能参数、系统和应用软件等的选择配置。由于计算机和网络通信技术发展迅速,硬件和软件产品繁多,对一个具体的水电厂可有诸多配置方案供选择;另外,由于水电厂设备运行的连续性和长期性,要求计算机监控系统有高度的可靠性和良好的可维修性,并可随着技术发展或水电厂对自动化水平要求的提高,进行系统改造或升级。合理的方案应是在满足水电厂对系统功能和性能指标要求的前提下,使用户的系统总成本最低,即系统造价和长期运行维护或更新的费用最低。通常,系统的合理造价采用系统的性价比进行评价,在系统性能相当的条件下选价格较低者,或在价格相当的情况下选取性能较优的系统。另外,在系统设备选择配置时,采用符合开放系统的硬件和软件产品,将可保证系统有较好的性能指标,包括可靠性、可用性、可维护性和可扩充性,并使系统在今后长期的运行中具有较低的运行成本,包括对系统的维护、扩充或更新。

4.3.1　上位机系统硬件设备的配置

1. 计算机设备的选择

由于水电厂监控系统的厂级计算机和操作员工作站运行稳定性要求极高,且应具备很强的多任务处理能力和连接大屏幕彩色显示器的能力,高性能的工程工作站能较好地满足上述要求,同时它还内置了网络接口,具有很强的联网能力。在监控系统规模较小且资金紧缺的情况下,也可选择高档基于 INTEL PENTIUM 的微机作为厂级计算机和操作员工作站,选型时应以能实现全部功能及达到相应指标要求为主要依据,不应一味追求高级的硬件配置。

因厂级计算机通常担任重要的全厂控制任务,如全厂 ACC 和 AVC 控制,为保证运行的可靠性,厂级计算机应考虑采用双机冗余配置,一机运行,一机备用。备用方式有热备用、温备用和冷备用三种。热备用双机切换时,要求所有实时任务不能中断,温备用双机切换时间应不超过 30s,冷备用双机切换时间应不超过 5min。

为保证 2 名电厂运行人员能同时操作,操作员工作站应考虑配置 2 台,为能同时显示更多的信息,操作员工作站可考虑配置双大屏幕显示器。对于小型水电厂及某些中型水电厂,应考虑将 2 台操作员工作站与 2 台厂级计算机合并,以节省开支。工程师工作站主要用于监控系统软件的维护,是必不可少的配置。仿真工作站主要用于监控系统的仿真培训,可与工程师工作站合二为一以节省开支。

其他工作站,如通信服务工作站、打印服务工作站和多媒体服务工作站用高档微机担任。

2. 同步时钟的选择

水电厂监控系统要求所有连接在监控系统局域网上的计算机设备及现地控制、采集设备必须采用同一时钟,即实现时钟同步,以确保各 SOE 事件顺序记录具有统一的时基。这就要求监控系统必须接入一个标准时钟,且要求监控系统网络中各节点设备必须能够接收标准时钟输出的时钟同步信号,并利用软件进行对时。

水电厂监控系统标准时钟同步设备通常采用 GPS 卫星同步时钟或来自中调的卫星同步时钟信号,所选用的标准时钟应能同时输出串行数字对时信号和脉冲对时信号,以供厂级计算机、工作站和现地控制级 CPU 及 PLC 进行对时,同步对时精度应不大于 1 ms。

3. 监控系统局域网及传输介质的选择

计算机局域网络拓扑结构有星型、环型、总线型、分布式、树型、网状型、蜂窝型等。在监控系统中,主要采用星型、总线型和环型网络,特别是近年来,星型网络越来越流行,这是由于星型网络具有结构和控制简单、便于管理、建网容易、网络延迟时间较小、传输误差较小等优点。也有少数电厂采用环型网络,如广西白龙滩水电厂监控系统就采用了双光纤环型网络。

网络传输介质主要有双绞线、同轴电缆以及光纤,这三种材料的具体特点详见 9.1。从应用的发展趋势来看,小范围的局域网应选择双绞线较好,大范围的采用光纤较好。水电厂监控系统中,厂站级计算机及工作站通常放在中控室,这些计算机可考虑用双绞线连接到局域网中,而现地控制单元因距离较远且信号要求能抗电磁干扰,故应采用单模或多模光纤连接入网。

4.3.2　上位机系统软件的配置

1. 系统软件的选择

系统软件包括网络操作系统、通讯协议及人机接口软件,在选型时,应考虑具有一定的开放性,即与硬件的无关性,在其基础上开发出来的应用软件应能在不同的计算机硬件上方便地进行移植,以最大限度地保护用户在软件上的投资。

UNIX 操作系统具有丰富的软件工具,很强的可移植性和灵活性,强大的多用户、多任务环境。其历史悠久,被普遍认为是计算机操作系统的一个最完美的实例。同时,它还是面向网络设计的,内置了强大的网络功能和 TCP/IP 协议,它的应用程序设计接口符合操作系统国际标准 POSIX,它采用特殊的内核和文件存取机制,使其具有很强的抗病毒能力和保密特性。因此,UNIX 操作系统十分适合作为水电厂计算机监控系统的操作系统。

由美国 Microsoft 公司开发的 Windows NT 操作系统是一杰出的后起之秀,它是按客户/服务器方式设计的,支持 32 位内存模式,抢先式多任务,可移植性,可运行于多种硬件平台,不仅可在 Intel x86 微处理器上运行,也可在 RISC 芯片上运行,且支持对称多处理(SMP),应用程序设计接口符合操作系统国际标准 POSIX,具有很强的安全性和容错性。它也是水电厂计算机监控系统较理想的操作系统。

Internet 传输控制协议/网际协议 TCP/IP 是一卓越的历史悠久的协议组,它是 1969年随美国 ARPANET(高级研究工程部网络)的出现而产生的标准。该协议和 ARPANET网取得了巨大的成功,TCP/IP 在许多局域网系统中被采用,ARPANET 网也发展为今天遍布全世界的 Internet。TCP/IP 协议是目前最广泛流行的不基于特定硬件平台的三大网络协议之一,符合开放性要求。因此,水电厂计算机监控系统网络应考虑采用 TCP/IP 协议。

2. 应用软件的配置

水电厂计算机监控系统应用软件选型的关键在于工业控制数据库及其组态软件,由于国内目前没有独立开发而又非常成熟的工业控制数据库及组态软件,因此,目前在水电厂计算机监控系统中采用的工业控制数据库及组态软件都是通过国外引进,并经过国内软件开发商的一次开发所形成的。在选型时,应考虑其应用的成熟度、应用程序接口的开放性及人机界面汉化程度,其功能及技术指标应能够满足原电力工业部 1995 年 12 月实施的"水电厂计算机监控系统基本技术条件",厂级高级控制功能应能符合中国电力系统的实际情况及有关调度原则。

思考题

1. 电站主控层的工作站按其功能和作用不同,可分为哪几种?各种工作站的作用分别是什么?

2. 电站主控层主要由哪些设备组成?

3. 电站主控层的功能主要有哪些?

4. 电站主控层的硬件应如何进行选择和配置?

第 5 章　现地控制单元

◈ 学习目标

1. 了解现地控制单元的含义
2. 掌握现地控制单元的结构和主要组成设备
3. 掌握现地控制单元的功能

5.1　现地控制单元概述

现地控制单元 LCU(Local Control Unit)是下位机系统的主要组成部分,在以前曾采用过与电网调度远程终端 RTU(Remote Terminal Unit)相同的称呼,考虑到 LCU 的含义更为确切,因此自 1991 年在武汉召开的"现地控制单元学术会议"之后,现地控制单元的名称基本上统一称为 LCU。

LCU 主要是就地对机组运行实现监视和控制,一般布置在发电机附近,是计算机监控系统较低层的控制部分。原始数据在此进行采集,各种控制调节命令都最后在此发出,因此,可以说是整个监控系统很重要的、对可靠性要求很高的"一线"控制设备。现地控制单元可用来选择远方/就地控制方式,可就地进行手动控制或自动控制,实现数据采集、处理和设备运行监视,通过局域网与监控系统其他设备进行通信,以及完成自诊断功能等。由于 LCU 直接与电站的生产过程接口,对发电机生产过程进行监视,实时性要求很高,以便完成调速、调压、调频以及事故处理等快速控制的任务。在上位机系统出现故障或退出运行时,LCU 应仍能正常运行和实现对水轮发电机组发电的基本控制。因此,可以说 LCU 是水电站计算机监控系统中最面向对象分布特征的设备。

5.2　现地控制单元的分类

现地控制单元(LCU)一般根据监控对象及其地理位置而划分为机组 LCU、升压站 LCU、公用 LCU 等,如果将泄洪闸门的控制纳入电站计算机监控系统,则现地级还应包括闸门 LCU。按对象配置 LCU 的优点是,可就近采集各种数据,节省电缆,各台 LCU 之间是相对独立的,某个 LCU 发生故障时不会影响到其他 LCU 的正常运行,并且与站级计算机系统也是相对独立的,站级计算机系统发生故障时,各 LCU 还能独立地工作以维持监控对象的安全运行,反之亦然。

一般小型水电站的 LCU 由机组 LCU 和公用 LCU 组成,公用 LCU 包含油汽水系统、升压站、闸门、厂用电等的现地监控。

5.3　现地控制单元的结构

现地控制单元层也是针对分层分布式监控系统而言的,它一般由现地工控机、PLC、现场总线、微机调速器、温度巡检仪、微机保护装置、微机同期装置、智能电参数测量仪以及其他智能设备组成。现地控制单元的 PLC 和工控机完成机组的顺序控制、监视和调节功能,可以完成数据的采集及数据预处理。PLC 与电站主控层的工控机脱离联系时,能通过一体化工控机的人机接口或操作开关而独立工作。升压站及公用设备控制单元的 PLC 和现地工控机主要负责主变压器、线路和厂内公用设备(如高/低压气机、球阀油泵、集水井排水泵、厂用电系统)等设备的控制和监视,并完成数据的采集及数据预处理功能。图 5-1 所示为某水电站计算机监控系统的现地控制单元网络拓扑结构。

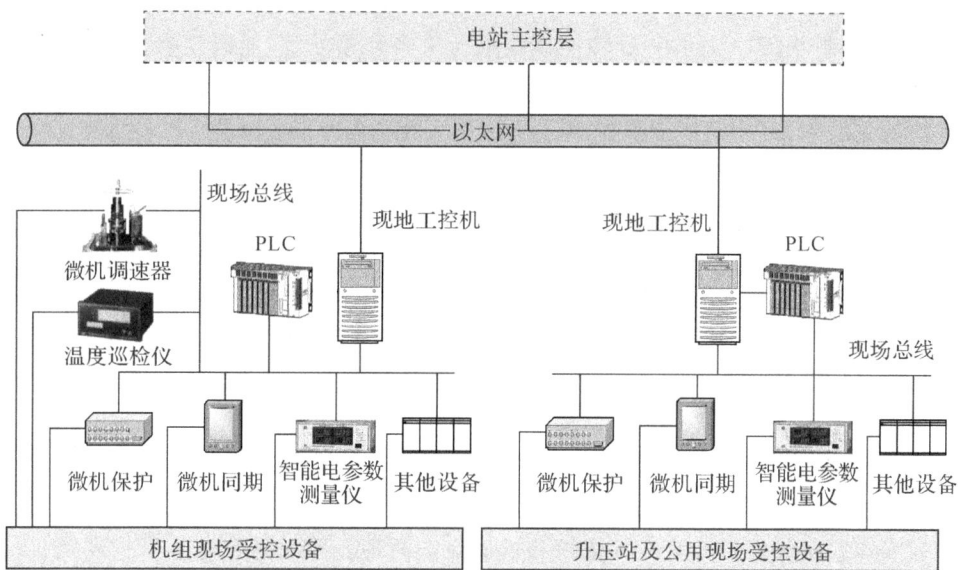

图 5-1　现地控制单元网络拓扑结构

5.3.1　机组现地控制单元

机组现地控制单元主要由现地工控机、可编程序控制器(PLC)、微机调速器、智能电参数测量仪、温度巡检仪、微机同期装置、微机保护装置等组成。这些设备完成了水轮发电机组的测量、控制与调节及保护等功能。

1. 水轮发电机组的测量

水轮发电机组的测量包括电量参数的测量和非电量参数的测量,电量参数的测量又包括交流电参数的测量和直流电参数的测量。

(1)电量参数的测量。早期电量参数的测量由各种电量变送器,经过远程终端采集单元

(RTU)的 A/D 采集板采集和预处理后传给计算机监控系统,由于电量变送器存在温漂和零漂,需要定期校验,并且具有监测精度较低、系统设计复杂和运行维护困难等缺点。随着计算机技术、数字通信技术、自动控制技术和智能仪表技术的快速发展,智能电参数测量仪广泛应用于电站、机械和化工等领域。在水电站计算机监控系统中,智能电参数测量仪逐步代替了电量变送器的使用。早期的智能电参数测量仪主要用来测量发电机组的交流电参数,包括输出电压、输出电流有效值、有功功率有效值、无功功率有效值、有功电度频率、无功电度频率以及其他交流电参数。随着微电子技术和集成技术的发展,智能电参数测量仪除了能测量发电机组的交流电参数以外,还可以测量发电机励磁电压、励磁电流等直流电参数。电站中的直流电参数也可以通过变送器,经机组现地控制单元中的可编程序控制器(PLC)进行采集和预处理;也可以直接通过微机励磁装置的通信接口进行读取。对于大中型水电站,大多采用智能电参数测量仪进行采集和预处理;而对于小型水电站由于其直流电参数较少,以上三种方式均有采用,具体采用何种方式进行采集和预处理,要视水电站对数据的精度要求、布线要求以及经济性等方面综合考虑决定。

(2)非电量参数的测量。水电站中的非电量参数包括油压、油位、气压、水压、水位及温度等。油压、油位、气压、水压、水位等非电量参数一般通过变送器,经机组现地控制单元中的可编程序控制器(PLC)的 A/D 转换模块进行采集和预处理,而温度参数如轴瓦温度、定子铁芯温度、风冷温度等一般由温度巡检仪进行测量。温度巡检仪除了可以测量温度参数外,有些温度巡检仪还具有越限报警、重要瓦温的变化率趋势报警以及实时显示当前最高瓦温和温度的平均值,并通过 RS232C 通讯接口或 RS485 通讯接口与机组现地控制单元交换信息。

2. 水轮发电机组的控制与调节

水轮发电机组的控制与调节对象包括水电站各机组及其辅助设备等,如水轮机、发电机、调速器以及励磁系统等。控制与调节方式包括远程控制方式和现地控制方式两种。远程控制方式能完成自动开停机、自动准同期并网、增减负荷、调节频率和电压、给定负荷或负荷曲线、给定发电机出口电压、给定系统频率等。现地控制方式完成自动开停机、自动准同期并网、机组工况转换和机组负荷调整等。

3. 水轮发电机组的保护

为了保证水电站安全可靠地连续运行,要求水电站设立各种保护装置。第 3 章已经提到,水轮发电机组的保护分为电气保护和机械保护两种。但无论是电气保护还是机械保护都是为了紧急处理系统不正常运行和事故等情况。随着计算机技术的发展,以微处理器为核心的微机型保护装置在水电站中广泛使用。它的结构根据保护功能的不同有很大差别,这里不再赘述。

5.3.2 升压站及公用设备控制单元

升压站及公用设备现地控制单元主要由工控机、可编程序控制器(PLC)、智能电参数测量仪、微机同期装置、微机保护装置、稳压电源、后备设备、测量表计和机柜等组成。这些设备完成了主变压器、厂用变压器及线路的断路器控制、升压站设备的监控、公用辅助设备的监控以及电站事故和安全报警等功能。

1. 数据的采集与预处理

升压站的数据采集与处理主要有升压站电气量的采集与预处理和升压站中断量的采集

与预处理。升压站电气量一般由 PLC 或微机电量测量装置采集和预处理,经 RS232C 或 RS485 串行通讯接口输入到现地工控机(IPC)。微机电量测量装置可测得的电量包括线路电压/电流、有功/无功功率、有功/无功电度和频率等。升压站中断量采用高速中断输入模块,事件顺序记录 (Sequence Of Even,简称 SOE)点分辨率需要达到实时性要求,并与系统时钟同步。

厂用变压器电气量也由 PLC 或微机电量测量装置进行采集和预处理,并经过串行口输入到现地工控机(IPC)。可测量的量包括厂用变压器电压/电流、有功/无功功率、有功/无功电度和频率等。

2. 控制与调节

升压站现地控制主要包括线路断路器控制、主变压器断路器控制、隔离开关控制和微机自动同期等部分。公用设备现地控制主要包括厂用电系统、厂内检修排水系统、渗漏排水系统、压缩空气系统等的自动控制与单步操作、厂用电备用电源自动切换以及安全故障报警等。

由于现地控制单元的自动化装置种类繁多,在工程上一般把这些装置集中放置在柜子中,称为 LCU 屏,图 5-2 所示即为某水电站分层分布式监控系统工程结构。从图中可以看出,该电站有两台机组,每台机组有两个 LCU 屏(A 柜和 B 柜),外加公用设备有两个 LCU 屏(A 柜和 B 柜),共六个 LCU 屏。在机组 LCU 屏(A 柜)中放置了现地工控机、微机同期装置和智能电参数测量仪;在机组 LCU 屏(B 柜)中放置了剪断销信号器、温度巡检装置、手动同期装置、变送器和双供电源等设备;有些不能放置在柜子中的装置如微机调速器、励磁装置、微机测速装置以及微机保护装置等,通过现场总线与现地工控机进行连接,并与上位机进行通信。公用 LCU 屏(A 柜)放置了现地工控机、微机同期装置和智能电参数测量仪等;公用 LCU 屏(B 柜)放置了手动同期装置、变送器和双供电源等;有些不能放置在柜子中的公用智能化设备如变压器保护装置和线路保护装置等,通过现场总线与现地工控机进行连接,并与上位机进行通信。

5.4　现地控制单元的功能

1. 数据采集功能

(1)应能自动(定时和随机)采集各类实时数据,数据类型包括模拟量(如水轮发电机组以及主变压器的电压、电流、功率、水压等)、开关量(如断路器位置、事故信号等)、脉冲量(如有功电能和无功电能)、事件顺序量(SOE)等数据。

(2)在事故或故障情况下,应能自动采集事故、故障发生时刻的各类数据。

2. 数据处理功能

数据处理应对不同设备和不同数据类型的数据处理能力和方式加以定义。

(1)模拟量数据处理,应包括模拟数据的滤波、数据合理性检查、工程单位换算、数据改变(是否大于规定死区)和越限检测、A/D 变换越限检查、RTD 断线和趋势检查等,并在超出规定范围时产生报警和报告。

(2)状态数据处理,应包括防抖滤波、状态输入变化检测,并在超出规定范围时产生报警和报告。

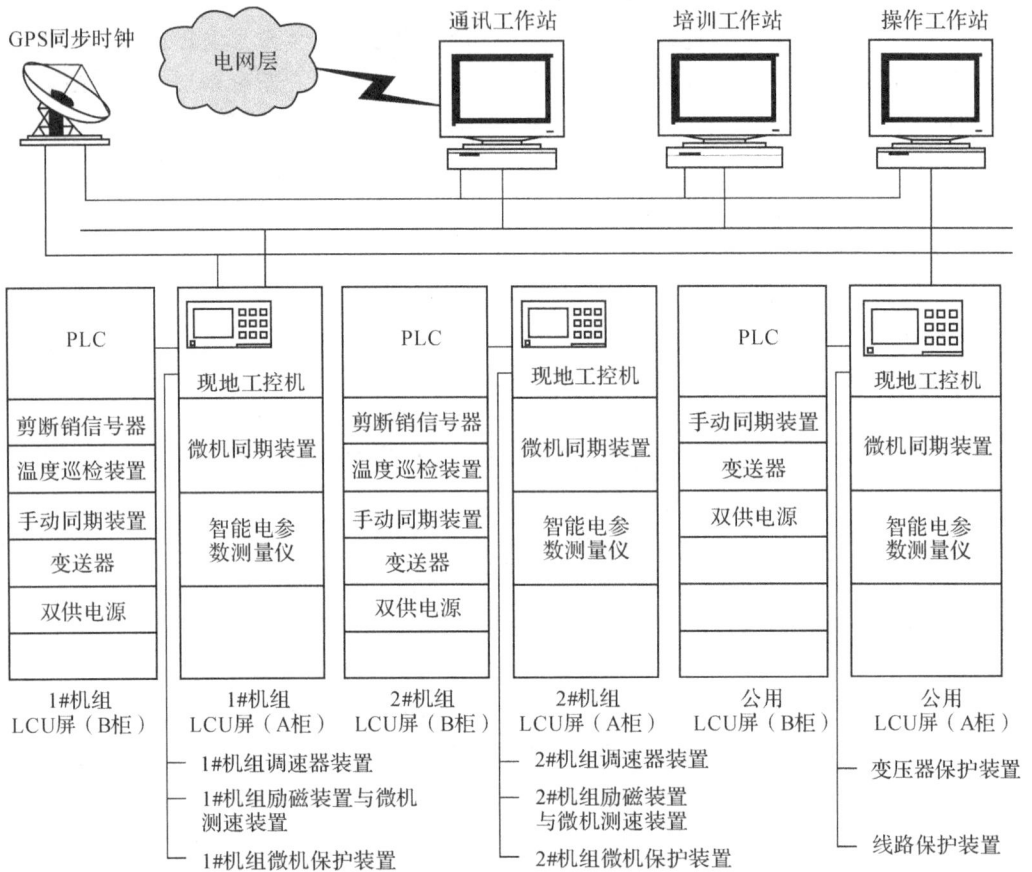

图 5-2　分层分布式监控系统工程结构

（3）SOE 数据处理，应记录各个重要事件的动作顺序、动作发生时间（年、月、日、时、分、秒、毫秒）、事件名称、事件性质，并在超出规定范围时产生报警和报告。

（4）数据统计，包括主/备设备动作次数累计、主/备设备运行时间累计。

（5）事故/故障记录。现地控制单元应具有一定的存储容量，用于存储相关的事故/故障信息。有了这些信息之后，即使在电站主控层计算机故障退出运行期间，如果本现地控制单元所辖设备出现事故或故障时，运行人员仍可根据这些信息进行相应的事故/故障分析和处理。

（6）通道板故障处理。当某一输入通道或输入板出现故障时，该通道或板应立即禁止进行扫查；当某一输出通道或输出板故障时，该通道或板应立即禁止输出。对于输入通道或板故障还应有自恢复功能。上述功能应含有报警和显示处理的相关部分。

3. 控制和调节功能

现地控制单元一般应对运行设备的控制方式进行以下两类设置：

一类是设置现地控制单元层/电站主控层控制方式。现地控制单元宜装设一个现地/远方控制切换开关来进行控制方式的设置。当切换开关在现地位置时，现地控制单元仅传送数据给电站主控层而不接受电站主控层的控制和调节命令；当切换开关在远方位置时，现地人机接口中的控制和调整操作功能均应被禁止。

另一类是设置运行设备自动/手动控制方式。当切换开关在手动方式时,所有控制和操作只能通过手动执行,自动控制和操作则被禁止;反之,手动控制和操作被禁止,所有控制和操作只能通过计算机执行。

现地控制单元对于接收的控制/调节命令,不论是来自电站主控层还是现地人机接口,均应进行控制允许/给定值合理性校核。只有在控制允许/给定值合理性得到确认之后,才发出执行命令(譬如,一个隔离开关的合闸控制允许,要求与其相邻的断路器和接地刀闸必须是打开的,否则,对该隔离开关发出的合闸命令将被自动禁止)。

(1)机组现地控制单元在现地控制或水电站远方控制的控制调节功能。

机组现地控制单元在现地控制或水电站远方控制中应具有以下控制调节功能:

①机组顺序控制。包括机组开机顺序控制,机组正常停机顺序控制,机组事故自动顺序停机操作,开机过程中辅助设备(如技术供水、高压油泵、主轴密封水等)自动选择,机组运行过程中当辅助设备正在运行的设备发生故障时自动切换到备用设备运行(譬如,机组主轴密封水一般采用两路水源,主用水源为清洁水,备用水源为机组技术供水,在机组运行过程中,当主用水源发生故障时,机组顺序控制程序将自动投入备用水源,以保证机组安全运行),当采用气动剪断销且剪断销剪断时,应能自动关闭气源。

②机组转速及有功功率调节。

③机组电压及无功功率调节。

④对单台被控设备进行操作。运行人员应能通过电站主控层或现地控制单元层的人机接口设备,完成对单台设备的控制。

(2)开关站和公用设备现地控制单元的控制调节功能。

开关站和公用设备现地控制单元应具备以下控制调节功能:

①应能实现对单台设备的操作。

②应能实现线路断路器关合(同步)操作。

③对需要进行倒闸操作的开关站,应能实现自动顺序倒闸操作。

④应能实现主备设备的自动备投操作。

(3)大坝泄洪闸门现地控制单元可根据需要选择是否设置。

4. 保护功能

水电站根据规范要求和具体情况配置所需的继电保护,在进行保护动作时计算机监控系统应对机组作出相应的控制。

5. 自诊断及自恢复功能

现地控制单元配置完备的硬件和软件诊断功能,内容如下。

(1)周期性在线诊断。

①对现地控制单元层处理器及接口设备进行周期性在线诊断,当诊断出现故障时,应自动记录和发出信号。对于冗余设备,应自动切换到备用设备,如冗余供电系统的电源自动切换,双网工作方式时的网间自动切换,采用冗余 I/O 方式时的 I/O 接口自动切换,双 CPU 工作时的主、备 CPU 间的自动切换。

②在现地控制单元在线及人机对话控制下,对系统中某一外围设备能使用在线诊断软件进行测试检查。

(2)离线诊断。应能通过离线诊断软件或工具,对现地控制单元设备或设备组件进行查找故障的诊断。

（3）失电保护。

（4）自恢复功能。当 LCU 或某智能模块出现死机时，可以产生自恢复信号，使系统或模块重新工作，并保留历史数据。自恢复可以用软件来实现，但也可用硬件来实现，如监控定时器（看门狗）电路。

6. 人机接口功能

现地控制单元应配置必要的人机接口功能，以保证调试方便，在电站主控层故障时，电站运行人员能通过现地控制单元人机接口完成对所属设备的控制和操作，从而达到保证电站设备的安全及生产的正常运行。必要的人机接口功能是保证现地控制单元能够独立运行的重要条件。

人机接口功能的配置可根据现地控制单元硬件配置的不同而有所区别。一般来说，现地控制单元如果采用了工控机结构，则人机接口功能在配置上要求完善一些，否则，人机接口功能的配置可相对简化一些，但必须确保现地控制单元调试方便及能够独立运行。

人机接口功能除了要满足单项设备控制、闭环控制及顺序控制的要求外，还应具有顺序控制等软件的编辑、编译和下载功能，以及现地数据库编辑和下载功能等。

思考题

1. 根据监控对象及其地理位置不同，现地控制单元可分为哪几种？
2. 机组现地控制单元主要由哪些设备构成？升压站及公用设备控制单元呢？
3. 现地控制单元具有哪些功能？

第6章 数据库系统

◆ **学习目标**

1. 理解数据库系统的基本概念和结构
2. 掌握实时数据库的概念和作用
3. 掌握历史数据库的概念和作用

6.1 数据库系统概述

数据是指将现实世界中对客观事物的各种描述信息记录下来所形成的可以识别的一组文字、数字或符号,它是客观事物的反映和记录。在水电站计算机监控系统中,测点、设备、画面、控制命令等都是数据。这些与被监控对象有关的数据可以以某种形式,如表格、关系图、视图、存储过程等形式组合在一起,形成各种各样的数据集合,这些数据集合以一定的组织方式存储在一起就形成了数据库。这里所说的"以一定的组织方式"指的是一个数据平台,通过这个平台可以对数据进行存储、检索、维护、加载和访问等管理,我们把这个能管理数据的平台称为数据库管理系统(Data Base Management System,简称 DBMS),数据库管理系统实质上是一个专门用来管理数据库的软件。数据库管理需要人员,专门管理数据库的人员称为数据库管理员(Data Base Administrator,简称 DBA)。数据库与数据库管理系统需要硬件的支持,通常采用数据库服务器来安装数据库和数据库管理系统。数据库系统(Data Base System,简称 DBS)就是数据库、数据库管理系统、数据库服务器和数据库管理员的总和,即数据库系统=数据库+数据库管理系统+数据库服务器+数据库管理员。

6.2 数据库系统的基本构成

数据库系统包含四大组成部分,即数据库、数据库管理系统、数据库服务器和数据库管理员,它们的层次结构如图 6-1 所示。为了能使关系更加清楚,在图 6-1 中外加了操作系统,它虽然不属于数据库系统的范畴,但是数据库安装的基础。数据库和数据库管理系统必须安装在操作系统(如 Windows、Unix)之上。数据库管理员可以通过数据库管理系统管理数据库。

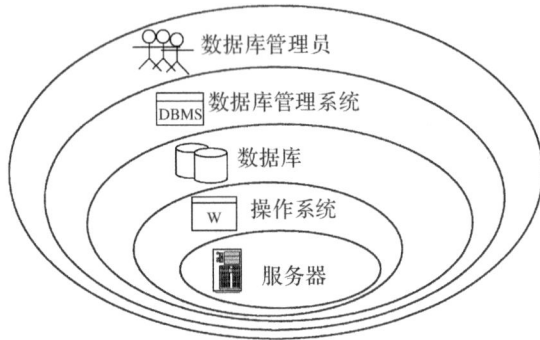

图 6-1　数据库系统层次结构

1. 数据库

数据库(Data Base,简称为 DB)由物理数据库和数据字典两部分组成,一部分是按照一定的数据模型组织并存放在外存上的一组相关数据的集合,称为物理数据库。例如,水电站计算机监控系统中的各种量,如有功功率、无功功率、功率因数等信息,可以用一定的数据模型组织成一个集合,如采用字段、记录、函数等形式组成集合,这些数据集合形成了水电站计算机监控系统的物理数据库。另一部分是数据库中有关信息的定义和描述部分,称为数据字典。例如数据库中的数据集合必须由表、关系图、视图、存储过程、角色、用户、规则等进行描述,这些描述部分共同组成了数据字典的内容。数据字典是数据库管理系统和用户进行管理、维护及查询的依据。

2. 数据库管理系统

数据库管理系统是数据库系统的核心软件,是对数据进行存储、检索、维护、加载和访问等管理的软件系统。它在数据库系统中的地位和关系如图 6-2 所示。

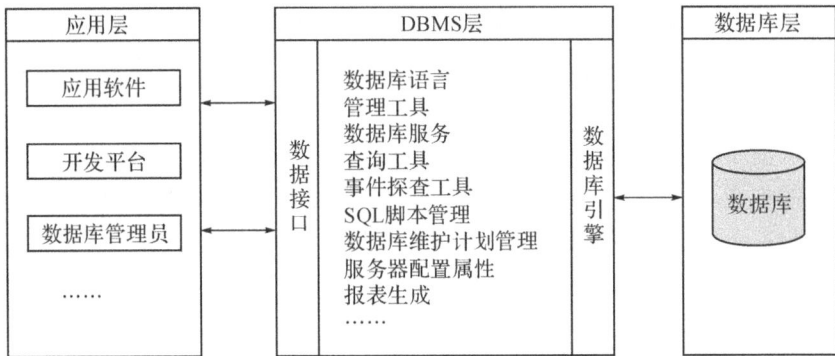

图 6-2　DBMS 在数据库系统中的地位和关系

对水电站计算机监控系统的数据库系统而言,DBMS 主要应具备以下几个方面的功能:

(1)数据库的生成。包括实时数据库的生成和历史数据库的生成。根据主接线图、网络拓扑结构、采集模块定义、通信格式等信息,让开关量、模拟量和脉冲量的采集数据生成实时数据库。根据数据的安全性、重要性以及对存储速度的要求,运行人员通过 DBMS 自动或手动对实时数据进行存储,并生成历史数据库。

（2）数据操作和管理。例如,数据库管理员能对数据库进行打开、关闭、修改和更新等操作,能对物理数据库和数据字典进行控制、存储、恢复、备份和还原等管理。

（3）数据查询和统计。例如,数据库管理员能通过 DBMS 选择要查询的数据库,编辑查询条件,进行数据查询和预览,能通过查询界面进行事件统计、事故统计、操作统计等操作,能生成各种报表并调用打印机等。

3. 数据库服务器

对数据库系统而言,其支持硬件主要有计算机主机、外部存储器、数据通道、输入输出设备、网络等。数据库服务器就是这些硬件的总称。数据库服务器必须具有足够大的内存用来安装操作系统、数据库、数据库管理系统以及其他软件系统。另外,基于水电站计算机监控系统实时性的需求,数据库服务器需要有足够大的外存、较高的 I/O 存取效率、较大的吞吐量以及较强的数据处理能力。

4. 数据库管理员

数据库管理员（Data Base Administrator,简称 DBA）是指管理、开发、维护、使用和控制数据库的人员。数据库管理员可以设置数据库的结构和内容,设计数据库的存储结构和存储策略,确保数据库的安全性和完整性,并监控数据库的运行。

6.3　实时数据库基础

数据库理论与技术的发展极其迅速,其应用也日益广泛,在当今的信息社会中,几乎无所不在。以关系型为代表的三大经典（层次、网状、关系型）数据库在传统的（商务和管理的事务型）应用领域中获得了极大的成功。目前数据库的应用正从传统领域向新的领域扩展,如水电站计算机实时监控、电力调度、数据通信、电话交换、电子银行事务、电子数据交换与电子商务等。这些应用有着与传统应用不同的特征,一方面,要维护大量共享数据和控制数据;另一方面,其应用活动（任务或事务）有很强的时间性,要求在规定的时刻或一定的时间内完成其处理;同时,所处理的数据也往往是"短暂"的,即存在一定的有效时间,过时则有新的数据产生,而当前的决策或推导变成无效。以关系型为代表的三大经典数据库在现代工程中的时间关系型应用面前却显得软弱无力,面临着新的严峻挑战,由此推动了实时数据库（Realtime Database,简称 RTDB）的产生和发展。

因此,实时数据库就是其数据和事务都有显式定时限制的数据库,系统的正确性不仅依赖于事务的逻辑结果,而且依赖于该逻辑结果所产生的时间。近年来,RTDB 已发展为现代数据库研究的主要方向之一,受到了数据库界和实时系统界的极大关注。然而,RTDB并非是数据库和实时系统两者的简单结合,它需要对一系列的概念、理论、技术、方法和机制进行研究开发,如数据模型及其语言,数据库的结构与组织,事务的模型与特性,事务的优先级分配,调度和并发控制协议与算法,数据和事务特性的语义及其与一致性、正确性的关系,事务处理算法与优化,I/O 调度、恢复、通信的协议与算法等,这些问题彼此高度相关。因此,只有将两者的概念、技术、方法与机制"无缝集成"（Seamless Integration）的实时数据库才能同时支持实时性和一致性。

在水电站计算机监控系统中,实时数据库通常又被称为"核心数据库"。核心数据库的一个重要特征是要满足系统对时间的要求和限制,例如对快速性的要求,水电站计算机监控系统对实时响应的要求可达毫秒级。另外也有对动作配合的要求,如开机条件具备时,就应及时地发出开机令。这里有一个量度标准,即实时性,它是实时系统响应能力的一个客观评价。实时系统的另一个特点是要能长时间连续稳定地工作,应该比被控设备,如发电厂的主辅设备有更好的可靠性和可利用率指标,这也是要对实时控制系统提出可利用性能评价的原因。为了实现实时控制,实时数据库的实时性、可靠性、正确性、安全性以及对突发事件的处理能力都很重要。通常实时性的保障得益于如下措施:高的主频及好的时间基准,高的采样速率和良好的中断能力,强有力的处理和恰当的网络传输速度,对来自现场的不合理信号的判别以及一定的容错能力等。由于计算机结构的原因,实时数据库通常是常驻内存,这样可以节省较长的数据输入/输出的时间。

前面所述的以关系型为代表的三大经典数据库都属于商用数据库,如 Microsoft Access 2000、Microsoft SQL Server 2000、Oracle 等。由于实时数据库对实时性等方面有较高的要求,商用数据库很难满足这种需求,因此实时数据库一般不采用商用数据库,而多采用由相应公司自行开发的专用数据库。如国家电网公司自动化研究院开发的 Nari Access 数据库、EC 2000 数据库和 NC 2000 数据库,中国水科院自动化研究所开发的 H 9000 系列数据库以及加拿大 CAE 公司开发的 SCADA 数据库等都属于专用实时数据库。

6.4　历史数据库

实时数据库虽然在存储效率上有着通用的商用数据库不可比拟的优势,但是实时数据库的数据结构是面向记录型的,而通用的商用数据库是面向关系型的,因此实时数据库要处理大量具有关系型数据结构的历史数据是不大可能的。并且实时数据库需使用共享内存的存储方式,其存储容量也是有限的。因此,在水电站计算机监控系统中需要综合实时数据库和商用数据库的优势建立统一的数据库平台。在水电站计算机监控系统中,所采用的商用数据库称为历史数据库,它是相对实时数据库而命名的。目前通常应用两种商用数据库建立历史数据库系统,一种是应用 Microsoft SQL Server 建立历史数据库系统;另一种是采用 Oracle 建立历史数据库系统。无论采用何种商用数据库建立历史数据库系统,其共同的作用是进行历史数据的操作、管理与维护,它必须与实时数据库系统相配合,实时数据库系统可以利用历史数据库系统的二维关系数据表的强大功能,而历史数据库系统可以利用实时数据库在内存中数据的高速处理机制、合理的数据存储结构和一定范围内的计算机制来缓解磁盘读写的速度缺陷和安全性瓶颈。

在水电站计算机监控系统中历史数据库主要保存静态数据和定时由实时数据库转发备份到历史数据库的实时数据,包括运行记录、报警记录和操作记录等,这些数据根据相互之间的关系分别存储在不同的关系表中。所以,历史数据库中有相当一部分数据是实时数据加上时间标志,并进行一定的统计所得到的(如累计、平均和求和等)。历史数据库采用 SQL Server 或 Oracle,建立在历史数据库服务器上,实时数据库通过 ODBC 或者专用的访问链接与历史数据库实现数据的交换。

从水电站计算机监控系统的数据库体系结构可以看出,在某种意义上可以认为实时数据库是历史数据库在内存中的映象。I/O 调度负责实时数据库与历史数据库间的数据同步,因此实时数据库的数据模式和历史数据库的数据模式具有一一对应的关系,历史数据库的数据模式跟随实时数据库的数据模式而进行修正。

思考题

1. 数据库系统由哪些部分组成? 请写出它们的简称。

2. 实时数据库和历史数据库有何区别与联系? 说出它们在水电站计算机监控系统中各自的作用。

3. 说出两种水电站计算机监控系统的历史数据库构成方法。

第7章 通信系统

◈ 学习目标

1. 了解数据通信系统的构成、通信介质和数据通信的传输方式等基本概念
2. 掌握常用的通信技术,尤其是现场总线和以太网
3. 理解各种常用通信规约
4. 掌握水电站站内各层次之间通信的实现方式以及水电站与控制中心通信的实现

7.1 水电站计算机监控系统数据通信的基础知识

数据通信是计算机技术和通信技术相结合的产物,它是各类计算机网络的基础,变电站计算机监控系统的发展与通信技术密不可分。

7.1.1 数据通信系统的组成

数据通信是指通过某种类型的传输介质在两地之间传送二进制位串的过程,它包括数据处理和数据传输两部分。数据通信系统由数据、数据终端设备(DTE)、数据电路端接设备(DCE)及通信链路四部分组成,如图 7-1 所示。

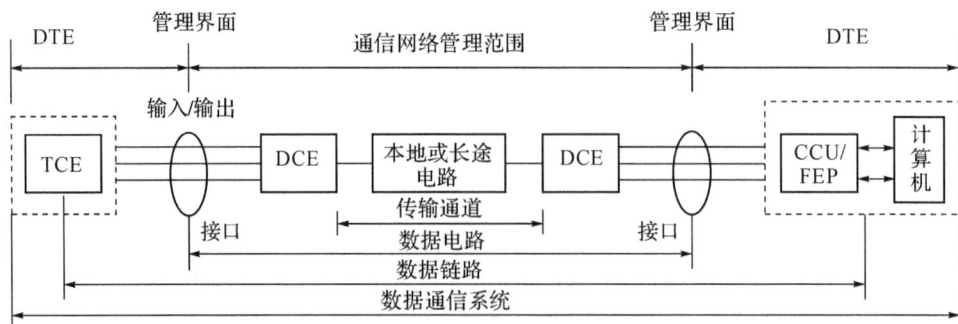

图 7-1　数据通信系统构成

DTE——数据终端设备;DCE——数据电路端接设备;
TCE——传输控制器;CCU/FEP——通信控制器/前置处理机

　　数据就是事实、概念和指令的表现形式,它用于由人或自动装置进行通信、解释或处理。电力系统中的遥测量、遥信量、遥控命令编码以及在计算机网络中具有一定编码格式或位长要求的数字信息等都可称为数据。

　　数据终端设备 DTE 是指具有数据通信功能的数据源或数据宿。水电站监控系统中的 LCU、测控装置、计算机、图像设备、打印机等均为 DTE。

　　数据电路端接设备 DCE 是指数据处理设备和传输线路之间负责提供信号变换和编码,并负责建立、保持和释放数据链路的中间设备。DCE 一般指可直接发送和接受数据的通信设备,如模拟信道中的调制解调器(Modem)、数字信道中的数据服务单元(DSU)和信道服务单元(CSU)等。

　　数据通信的基本模式如图 7-2 所示。

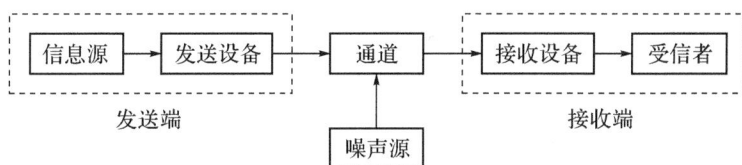

图 7-2　数据通信基本模式

　　信息源将要传送的信息传给发送设备,发送设备通过编码与调制将待发送信息转换成适合在通道中传送的信号,并送入通道。接受设备将通道中的信号经解码与解调转换成受信者能接受的信息。信号在通道传输过程中存在各种干扰,接收端受到的信号可能与发送端发出的信号不同,其干扰可等效用噪声源表示。为减少信息传输过程的误码,需要进行差错检测。常见的差错检测技术有奇偶校验和循环冗余校验 CRC 等,检错和纠错都是在数据链路层实现的。

　　根据用途划分,水电站计算机监控系统中的数据通信可包含两个方面的内容:①水电站监控系统内部各子系统或各种智能电子装置(IEDs)之间的数据传输与交换;②水电站监控系统与上级调度中心之间的数据传输与交换,这里所述的上级调度中心包括水情测报系统、水库调度系统、远方诊断系统和无线通信等。

7.1.2　通信介质

　　物理传输媒体是通信中实际传送信息的载体,即通信介质。计算机网络中采用的物理传输媒体可分为有线和无线两大类。有线媒体包括双绞线、同轴电缆和光纤等;无线媒体包括卫星、无线电通信、红外通信、激光通信以及微波通信传送信息的载体。

1. 有线媒体

　　(1)双绞线(Twisted Pair)。双绞线是最常用的物理传输媒体。相对于其他有线物理传输媒体(同轴电缆和光纤)来说,它价格便宜也易于安装与使用,但是双绞线在传输距离、带宽和数据速率方面性能较差。双绞线因由两根绝缘的铜线互绞在一起构成而得名,如图 7-3 所示。许多电话线采用的就是双绞线。

　　将两根导线绞在一起是为了减少在一根导线中电流发射的能量对另一根导线的干扰,并且绞在一起有助于减少其他导线中的信号干扰这两根导线。当两根导线靠得很近且相互平行时,一根导线中电流信号的变化将在另一根导线上产生相似的电流变化;若两根导线靠

图 7-3　双绞线

得很近但相互垂直时,则一根导线中电流信号的变化几乎不会在另一根导线上产生电流。所以,导线绞在一起可减少相互间的干扰。

双绞线可分为非屏蔽双绞线和屏蔽双绞线两种。普通电话线使用非屏蔽双绞线 UTP (Unshielded Twisted Pair),UTP 易受外部干扰,包括来自环境噪声和附近其他双绞线的干扰。屏蔽双绞线 STP(Shielded Twisted Pair)就是在其外面加上金属包层来屏蔽外部干扰,虽然抗干扰性能更好,但比 UTP 贵,且安装也较困难。

1995 年,电子工业协会 EIA 公布了有关双绞线的标准 EIA568A。其中常用的有 100Ω 的 3 类 UTP 和 5 类 UPT 以及 $150\ \Omega$ 的 STP。3 类和 5 类的主要区别在于单位距离上的旋绞次数。5 类旋绞得较紧,一般为每英寸 3～4 次,而 3 类一般为每英尺 3～4 次。旋绞得越紧价格越贵,但是性能也越好。3 类 UTP 通常用来传输话音,即用作电话线,若用来传输数据,只能达到 16 Mb/s,而 5 类 UTP 用来在一定距离内(如 100 m)传输数据,其速率可达到 100 Mb/s。表 21 给出了 3 类 UTP、5 类 UTP 和 150Ω STP 三者在衰减和近端串扰(Near end Crosstalk)两方面性能的比较,其单位取分贝值。

(2)同轴电缆(Coaxial Cable)。同轴电缆也像双绞线那样由一对导体组成,但它们是按"同轴"的形式构成线对,其结构如图 7-4 所示。同轴电缆最里面是内导体,外包一层绝缘材料,外加一个空心的圆柱形外导体,最外面则是起保护作用的塑料外皮。内导体和外导体构成一组线对,外导体也可由编织线来实现。同轴电缆又分为基带(Baseband)同轴电缆(阻抗 $50\ \Omega$)和宽带(Broadband)同轴电缆(阻抗为 $75\ \Omega$)。基带同轴电缆用来直接传输离散变化的数字信号,宽带同轴电缆上传输的则是连续变化的模拟信号。闭路电视所使用的 CATV 电缆主要是宽带同轴电缆。在局域网中使用宽带同轴电缆时,虽然也可以通过 MODEM 将数字信号转换成模拟信号再传输,但一根电缆上有时只传输一路信号,也就是说,一路模拟信号就占用了全部带宽,这种用法我们称为载带(Carrierband)传输。

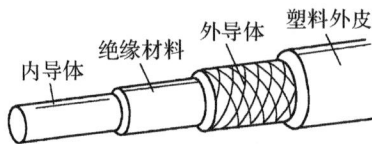

图 7-4　同轴电缆

与双绞线比较,同轴电缆价格贵,但带宽数据传输速率高、距离长、抗干扰能力强。典型的以太局域网(Ethernet)中采用的就是基带同轴电缆,在 1.2 km 范围内可达 10 Mb/s 的数据速率。目前,同轴电缆还有粗和细之分。粗同轴电缆价格较贵,但可连接较多的站点和支持较长距离的通信。过去,同轴电缆仍是局域网中使用最普遍的物理传输媒体,但目前已逐步为高性能的双绞线所替代。

(3)光纤。光纤是一根很细的可传导光线的纤维媒体,其半径仅几微米至一二百微米。制造光纤的材料可以是超纯硅、合成玻璃或塑料。用超纯硅制成的光纤损耗最小,但制作工艺难度较大;合成玻璃制成的光纤虽然损耗相对较大,但更为经济,性能也不错;塑料光纤更便宜,可用于短距离、可接受较大损耗的场合。每根光纤都有自己的包层,一根或多根光纤由外皮包裹构成光缆。

用光缆传输电信号时,在发送端先要将其转换成光信号,而在接收端又要由光检测器还原成电信号,如图 7-5 所示。光检测器往往采用光电二极管(Photodiode),光源则可以采用发光二极管 LED(Light Emitting Diode)或激光发射二极管 ILD(Injection Laser Diode)。光纤中传播的波长通常在光谱的红外波段,LED 发出的光的波长可以是 850 nm 或 1300 nm,而 ILD 则可发出波长更长的 1500 nm 的激光。

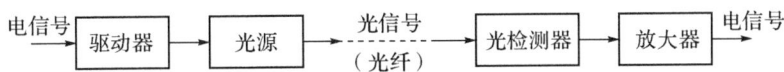

电信号 → 驱动器 → 光源 → 光信号 (光纤) → 光检测器 → 放大器 → 电信号

图 7-5　光纤传送电信号的过程

与双绞线和同轴电缆等金属传导媒体相比,光纤有如下优点:

(1)轻便。在具有相同信息传输能力的情况下,光纤要比双绞线或同轴电缆细得多,也轻便得多。轻便给布线带来明显的优势,不论在室内或室外,也不论架空或通过管道,光纤既可降低对支撑物的要求也可减小管道的体积。

(2)低衰减和大容量。相对于双绞线和同轴电缆,使用光纤信号的衰减要小得多,现在可以做到几十千米的范围内,不加中继或放大直接传输,其速率达若干 Gb/s。相比较而言,双绞线在 100 m 范围内、同轴电缆在 1 km 范围内才能达到数百 Mb/s 的数据速率。

(3)电磁隔离。光纤系统不受外部电磁场的影响,脉冲噪声和串扰都不会影响光的传输。此外,光纤也不会向外辐射电磁场,不但不会对其他装置造成电磁干扰,还提供了防止窃听的高度安全性。

综上所述,光纤是一种很有发展前途的物理媒体。在许多场合,特别是远距离通信中,光纤已逐步成为一种重要的有线物理媒体。但是光纤之间不易连接,抽头分支困难,对于距离不太大、配置又经常变动的局域网来说,光纤还不会完全取代金属传导媒体。

2. 无线传输媒体

无线(Wireless)类的物理传输媒体都不需要架设或铺埋电缆或光缆,有多种无线通信方式,如无线电通信、微波通信、红外通信和激光通信等。

7.1.3　数据通信的传输方式

数据通信方式是指数据在信道上传输所采取的方式。按信息传送的方向和时间,可分为单工通信、半双工通信和全双工通信三种工作方式,如图 7-6 所示;按数据代码传输的顺序,可分为串行传输和并行传输;按数据传输的同步方式,可分为同步传输和异步传输。

1. 数据通信工作方式

(1)单工通信

6 单工通信是指信息只能按一个方向传送的工作方式,如图 7-6(a)所示。信息只能由 A 站向 B 站传送,而 B 站的信息不能传送给 A 站。通道中只有一套发送和接收设备,而且安装在不同的通信地点。

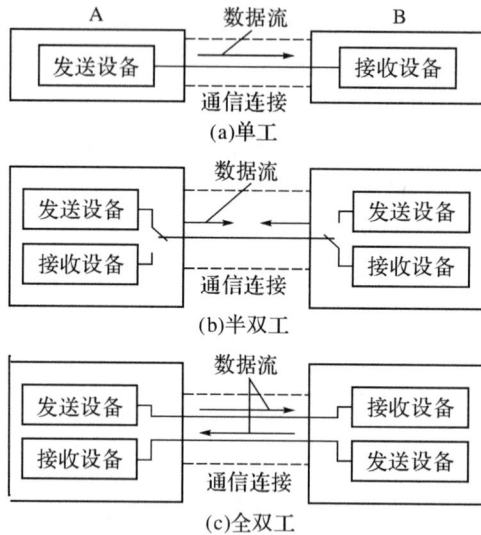

图 7-6　数字通信的工作方式

（2）半双工通信

半双工通信是指信息可以双方向传输，但在同一时刻只能进行一个方向的传输，如图 7-6(b)所示。采用半双工时，通信双方一般均有通信方向切换功能，以实现分时发送和接收操作。

（3）全双工通信

全双工通信是指通信双方可同时进行双方向的信息传送，如图 7-6(c)所示。在该种方式中，两个方向的信号共享链路带宽。这种共享可以用两种方式进行：①链路具有两条无力上独立的传输路径，一条发送，一条接收；②为传输两个方向的信号而将信道的带宽一分为二。因此，通道中有两套发送和接收装置，分别安装在需要通信的两端，并且同时工作。

2. 数据通信工作方式

（1）并行数据通信

并行数据通信是指数据的各位同时传送，即每个时钟脉冲到来时，多个比特（位）被同时发送，如图 7-7 所示。可以用字节为单位（8 位数据总线）并行传送，也可以用字为单位（16 位数据总线）通过专用或通用的并行接口电路传送。各位数据同时发送，同时接收。

并行数据通信每次传送的数据位数多，速度快，有时可高达每秒几十、几百兆字节，且并行数据传送的软件和通信规约简单。但需要的信号传输线多，成本高，因此常用在近距离、高速

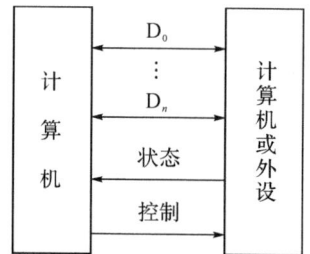

图 7-7　并行数据传输

度的数据传输场合，如个人计算机和打印机之间的数据交换。早期的水电站计算机监控系统由于受当时通信技术和网络技术的限制，内部通信大多采用并行通信，在计算机监控系统的结构上多为集中组屏式。

（2）串行数据通信

串行数据通信是指将数据以位为单位进行顺序传送的传输方式，即每个时钟脉冲只发

送一个比特(位),如图 7-8 所示。串行通信数据的各不同位可以分时使用同一根传输线,这线既为数据线又作为通信联络控制线,从而节约了传输线。但是串行通信在相同的时钟频率下传输速度慢,且通信软件相对复杂,因此,常用于低速、远距离的通信场合,如计算机与计算机、键盘与主机之间的通信等。在水电站计算机监控系统内部,各种自动装置间或继电保护装置与监控系统间常采用串行通信,这样可以减少连接电缆,简化配线,降低成本。

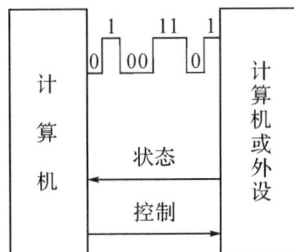

图 7-8　串行数据通信

　　串行数据通信按其传输的信息格式可分为异步通信和同步通信两种方式。

　　①异步传输。在异步传输中,发送的每一个字符均由四部分组成:起始位(1 位),字符代码数据位(5～8 位),奇偶校验位(1 位或 0 位),停止位(1 位或 1.5 位或 2 位),其成帧格式如图 7-9 所示。

图 7-9　异步通信的信息格式

　　因为在字符这一级别,发送方和接收方不需要进行同步,所以称这种传输方式为异步传输。但一定程度内的同步仍存在,在每一字符内接收方仍要根据比特流来进行同步。当接收方检测到一个起始位后,就启动一个时钟,并随着到来的比特开始计数。在接收完各比特(位)后,接收方就等待停止位到达。当检测到停止位时,接收方在下一个起始位到达前忽略接收的所有信号,所以图 7-9 中的空闲位可以有,也可以没有。

　　异步传输在远动通信中,由于其通信帧中加送起始位、停止位等附加信息较多,通信速率较低,一般限定范围为 50～9600b/s。但异步传输方式可靠性较高,且经济性好,一般常用于低速通信场合。

　　②同步传输。同步传输的信息格式包括一个或多个同步字符、控制字符和固定长度的信息字符,其帧格式如图 7-10 所示。

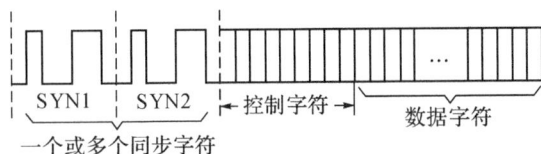

图 7-10　同步传输的信息格式

　　同步传输的特点是在数据块的开始处集中使用同步字符作为传送开始的指示。同步字符通常称 SYN,是一种特殊的码元组合。通信开始后,接收方首先要搜索同步字符,并与事先约定的同步字符进行比较。若比较结果相同,则说明同步字符已经到来,接收方就开始接收数据,并按规定的数据位长度拼装成数据字符,直到所有数据接收完毕。收发双方使用同一时钟,以便发送方和接收方保持完全的同步。

同步传输的优点是速度快,因为不需要附加的比特和空闲位等冗余信息,传输线路上只需传输更少的比特数,在远动通信中,其通信速率可高达 800kb/s。但由于其硬件复杂,一般在高速通信场合采用这种传输方式。

7.2 水电站计算机监控系统常用通信技术

水电站计算机监控系统的通信是随着水电站自身的发展和通信技术的发展而发展的,它主要经历了串口通信、现场总线和局域网三个阶段。

7.2.1 串行通信

水电站计算机监控系统的串行数据通信主要是指数据终端设备 DTE 和数据电路端接设备 DCE 之间的通信,如图 7-1 所示。在 DTE 和 DCE 之间传输信息时必须要协调的接口,国际组织根据 DTE 和 DCE 之间物理连接的有关特性制定了多个标准,其中在水电站常用的有美国电子工业协会(EIA)制定的 EIA-RS-232C 和 RS-485。

1. EIA-RS-232

EIA-RS-232 定义了 DTE 和 DCE 之间接口的机械、电器及功能特性,属于国际标准化组织(ISO)制定的开放式结构互连(OSI)所建议的七层结构中的最底层——物理层。最早于 1962 年以 RS-232(推荐标准)发布,1973 年修订为 EIA-232C,公布的最新版本称为EIA-232D。

EIA-RS-232 具有 DB-25 型和 DB-9 型两种连接器,分别由一个 25 针或 9 针的插头和一个 25 孔或 9 孔插座组成。通常 DTE 采用 DB25 或 DB9 针式结构,DCE 采用 DB25 或 DB9 孔式结构。现在计算机上的 RS-232 多采用 DB-9 型连接器,作为多功能 I/O 卡或主板上 COM1 和 COM2 两个串行口的连接器。每一个引脚都有特定的名称与用途。

RS-232 采用负逻辑工作,逻辑"1"用负电平(范围为 $-5\sim-15V$)表示,逻辑"0"用正电平(范围为 $+5\sim+15V$)表示。RS-232 的最高传输速率为 20kb/s,常采用的速率为 300、600、1200、2400、4800 和 9600b/s,RS-232 的最大传输距离为 15m。在实际应用中,码元畸变率可超过其标准的 4%,从而提高总负载电容或使用特制的低电容电缆时,可使其传输的最大距离超过 15m。

RS-232 采用的是单端驱动和单端接收电路,如图 7-11 所示,这种电路是传送数据的最简单方法。它的特点是:传送每种信号只用 1 根信号线,而它们的地线是使用 1 根公用的信号地线,因此得到广泛应用,但也存在传输距离和传输速率有限、易受干扰等不足。

"1" $<-3V$
"0" $>+3V$

图 7-11 RS-232 电气接口电路

目前此接口标准已广泛应用于计算机与终端、计算机与计算机之间的就近连接。RS-232 一般应用在早期的集中式微机监控系统中,作为站内系统数据交换的总线。

2. EIA-RS-422A 和 EIA-RS-485 接口标准

为了解决 RS-232 存在的问题,EIA 和 ITU-T 制定了其他标准接口如 EIA-RS-449、EIA-530 及 X.21 等。RS-499 是一种物理接口功能标准,而 RS-422A 和 RS-485 则是电气

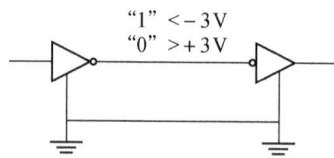

标准。这个接口标准在功能上保留了所有 RS-232 的连接线,新增 10 条连接线,规定用 37 脚的连接器。

RS-422A 标准规定了差分平衡的电气接口,即采用平衡驱动和差分的接收方法,其连接方法如图 7-12 所示。当 AA′ 线的电平比 BB′ 线的电平高 200 mV 时表示逻辑"1",当 AA′ 线的电平比 BB′ 线的电平低 200 mV 时表示逻辑"0"。采用双线传输,从根本上消除了信号地线,因而抗共模干扰能力

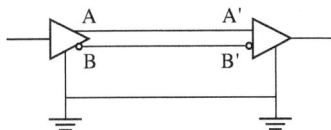

图 7-12　RS-422A 电气接口电路

大大加强,传输速度和性能也比 RS-232C 提高很多。例如传输距离为 1200 m 时,速率可达 100 kb/s;距离为 12 m 时,速率可达 10 Mb/s。

RS-485 接口标准是 RS-422A 接口标准的变形,其电气特性同 RS-422A,两者的主要区别在于:RS-422A 为全双工,RS-485 为半双工;RS-422A 只允许电路中有一个发送器,RS-485 允许电路中有多个发送器;RS-422A 采用两对平衡差分信号线,RS-485 只需其中的一对。

RS-485 标准的特点有:①传输速率高,允许的最大速率可达 10 Mb/s(距离 15 m),传输信号的摆幅小(20 mV)。②无 Modem 连接传输距离远,采用双绞线在不用 Modem 的情况下,当速率为 100 kb/s 时,传输距离达 1.2 km。若速率下降,传输距离可更远。③由于采用差动发送/接收,因此共模抑制比高、抗干扰能力强。④能实现多点共线通信,允许平衡电缆上连接 32 个发送器/接收器对。

RS-485 用于多站互连非常方便,可节约昂贵的信号线,同时可高速远距离传送。目前 RS-485 的应用十分广泛,也大量使用在分散式厂站监控系统中,效果良好。

7.2.2　现场总线

在过去的几十年中,工业过程控制仪表一直采用 4～20 mA 标准的模拟信号。随着微电子技术和大规模集成电路以及超大规模集成电路的迅猛发展,微处理器在过程控制装置、变送器、调节阀等仪表装置中的应用不断增加,出现了智能变送器、智能调节阀等高新技术仪表产品,现代化的工业过程控制对仪表装置的速率、精度、成本等诸多方面都有更高的要求,从而需要用数字信号传输技术代替现行的模拟信号传输技术,现场总线技术便应运而生。

一般把现场总线系统称为第五代控制系统,也称为 Field Control System,简称 FCS。第一代控制系统为 20 世纪 50 年代前的气动信号控制系统(PCS),第二代为 4～20 mA 等电动模拟控制系统,第三代为数字计算机集中式控制系统,第四代为 20 世纪 70 年代中期以来的集散式分布控制系统(DCS)。

现场总线是在现地主要自动化装置和控制层的自动化设备之间,通过共用通信介质进行双向传输,同时实现现场可寻址设备多点连接的通信系统。现场总线实际上是针对现场仪表与其他自动化设备所建立的全数字化、双向及多支路的通信系统。

1. 现场总线的结构模式

现场总线的网络协议是按照国际标准化组织(ISO)制订的开放系统互连(OSI)参考模型建立的。OSI 参考模型共分七层,即物理层、链路层、网络层、传送层、会话层、表示层和应用层。该标准规定了每一层的功能以及对上一层所提供的服务。从 OSI 模式的角度来看,

现场总线由 OSI 参考模型的第一层(物理层)、第二层(数据链路层)、第七层(应用层)组成。考虑到现场装置的控制功能和具体应用增加了第八层用户层,如图 7-13 所示。

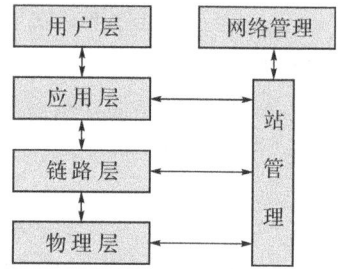

图 7-13　现场总线体系结构

在应用层,用户变量可将寻址项解释给网络,从而使链路层执行流量控制和差错控制,具有一定的网络功能。物理层负责确定通过物理媒介传输的数字信号的形式,包括硬件种类、传输方式、传输速率、电气和机械选择以及供电方式等。现场总线具有如下优点:① 统一的网络结构、协议简单;② 完备定义的协议信息;③ 系统运行时可更换模块;④ 接口标准化;⑤ 容易重新配置;⑥ 设备地址易调整;⑦ 限压于 500 V;⑧ 电磁兼容性好、容错性好;⑨ 成本低等。

2. 现场总线的网络协议

目前,我国在水电站计算机监控中应用较多的现场总线网络协议是控制器局域网(Controller Area Network,简称 CAN)协议,CAN 是一种有效支持分布式控制或实时控制的串行通信网络,具有如下优越的技术特性:① CAN 总线通信方式灵活,可以采用多主方式进行工作,网络上任意一个节点均可以在任意时刻主动向其他节点发送信息,而不分主从;② 总线冲突裁决时间短,采用非破坏性总线裁决技术,节点可对应不同的实时要求划分不同的优先级,当两个节点同时向网络传送数据时,优先级别低的节点自动停止数据发送,而优先级别高的网络节点不受任何影响继续传送数据,大大节省了总线冲突裁决时间;③ 传送接收数据方式多样,有点对点、一点对多点(成组)、全局广播几种方式;④ 总线直接通讯距离最远可达 10 km,通讯速率最高可达 1 Mb/s,总线上的节点数实际可达 110 个,理论值可达 2000 多个;⑤ 对工作环境要求不高,采用短帧结构,每一帧的有效字节数为 8 个,这样传输时间短,受干扰的概率低,重新发送时间短,尤其适合在强电磁场环境下工作,每帧信息都有 CRC 校验及其他检验措施,保证了数据出错率极低,而且 CAN 节点在错误严重的情况下,具有自动关闭总线的功能,切断与总线的联系,以使总线的其他操作不受影响。

除 CAN 协议外,其他典型的协议还有 PROFIBUS、WORLDFIP、LONWORKS、FOUNDATION FIELDBUS、PNET 等。这些协议在我国水电站计算机监控系统中也有应用,只是没有 CAN 协议应用广泛。但就世界范围而言,这些协议各有各的主打市场和应用范围。PROFIBUS 是最快的总线,每秒可传输 12 Mb,是一种快速通信协议,现已成为欧洲的标准(EN50170),在欧洲应用非常广泛;WORLDFIP 总线以法国市场为主,其产品占法国市场 60% 左右的份额,欧洲约占 25%,主要应用于发电与输配电、加工自动化、铁路运输、地铁和过程自动化等领域;LONWORKS 主要应用于分布式智能测控网络,国内主要应用于智能化楼宇;FOUNDATION FIELDBUS 简称 FF 现场总线,它的应用领域以过程自动化为主;PNET 现场总线在欧洲及北美地区应用广泛,是丹麦的国家标准,其应用领域包括石油化工、能源、交通、轻工、建材、环保工程和制造业等。

3. 现场总线的应用特点

随着现场控制技术的发展,现场总线的作用已被越来越多的人所重视,现场总线控制系统越来越多地应用于自动化控制领域。将现场总线技术应用于水电站计算机监控,能使水电站生产过程各回路均保持相对的独立性,同时以通信方式将监测所需的信号送至工作站。

作为新一代控制系统,FCS 采用了基于公开化、标准化的解决方案,不但突破了 DCS 系统采用通信专用网络的局限,克服了封闭系统所造成的缺陷,并且把 DCS 的集中与分散相结合的集散系统结构变成了新型的全分布式结构。开放性、分散性与数字通信是现场总线系统最显著的特征。

7.2.3 以太网

目前,在新建的水电站计算机监控系统中,现场总线主要应用于分层分布式监控系统的现地控制单元或集中式控制系统,而现地控制单元与电站主控层之间的通信网络(即局域主干网)大多采用工业以太网。

以太网即以太局域网协议,创建于美国 Xeros 公司的 PARC 研究中心(Palo Alto Research Center),其名字来源于检测"以太网(Ether)"的一个著名实验。自 1982 年以太网协议被 IEEE 采纳成为标准以后,经历了 20 年的风风雨雨。在这 20 年中,以太网技术作为局域网链路层标准战胜了令牌总线、令牌环、Wangnet、25 M ATM 等技术,成为局域网实施标准。以太网技术当前在局域网范围市场上占有率超过 90%。

与现场总线相比,以太网的明显优势在于物美价廉。由于现场总线需要特定的芯片的支持,而这些芯片的使用数量和价格都无法与以太网相应部分相抗衡。市场需要技术成熟、成本低的通信技术,而以太网能够满足这些要求——以较低的价格获得高性能、低成本的控制网络。在水电站计算机监控系统中,以物美价廉的以太网设备代替控制网络中相对昂贵的专用总线设备是趋势之一。目前新建的水电站计算机监控系统,应用的局域主干网基本上是以太网,包括国产的和引进的系统都是如此。

1. 以太网的数据传输方式

以太网采用基于介质共享的方式工作。当一个站需要发送一帧信息时,它先监听信道(即载波侦听),如果信道不忙即开始发送;如果信道忙,则等待到信道空闲时再发送数据。但发送时可能出现冲突,即可能有多个站同时监听到信道空闲,并发送数据(即多路访问)。为此,各站在发送数据的同时要进行冲突检测,一旦发送冲突,立即停止发送,并等待一段时间后再重新发送。等待时间由相应的算法规定,此算法即为"载波监听多路访问/冲突检测"(CSMA/CD)算法。为了保证互联性,20 世纪 70 年代末美国 Digital、Intel 公司与 Xeros 公司共同建立了被称为 DIX 的以太网标准,目前使用的是 DIX V2 版。以太网数据传输的帧格式如图 7-14 所示。

帧头	目的地址	类型	源地址	数据	帧检验序列

图 7-14 以太网数据传输的帧格式

图 7-14 中帧头表示帧的开始,并使接收端实现帧的同步;目的和源地址各 24 位,用以表示数据的目的地和始发端;类型表示数据的性质和高层使用协议,传输的数据量可变,允许 46~1500 个字节;帧检验序列则用来监测传输中的差错。

2. 以太网的通信协议

这里介绍一种较通用的以太网通信协议即 TCP/IP 协议,TCP/IP 协议与开放互联模型 ISO 相比,采用了更加开放的方式,它已经被美国国防部认可,并被广泛应用于实际工程。TCP/IP 协议可以用在各种各样的信道和底层协议（如 T1、X. 25 以及 RS-232 串行接口）之上。确切地说，TCP/IP 协议是包括 TCP 协议、IP 协议、UDP(User Datagram Protocol)协议、ICMP(Internet Control Message Protocol)协议和其他一些协议的协议组。

TCP/IP 协议并不完全符合 OSI 的七层参考模型。传统的开放式系统互连参考模型，是一种通信协议的七层抽象参考模型，其中每一层执行某一特定任务。该模型的目的是使各种硬件在相同的层次上相互通信。而 TCP/IP 通讯协议采用了四层结构，每一层都呼叫它的下一层所提供的网络来完成自己的需求。这四层分别为：

（1）应用层：应用程序间沟通的层，如简单电子邮件传输协议（SMTP）、文件传输协议（FTP）、网络远程访问协议（Telnet）等。

（2）传输层：在此层中，它提供了节点间的数据传送服务，如传输控制协议（TCP）、用户数据包协议（UDP）等，TCP 和 UDP 给数据包加入传输数据并把它传输到下一层中，这一层负责传送数据，并且确定数据已被送达并接收。

（3）网络层：负责提供基本的数据包传送功能，让每一块数据包都能够到达目的主机（但不检查是否被正确接收），如网际协议（IP）。

（4）接口层：对实际的网络媒体的管理，定义如何使用实际网络（如 Ethernet、Serial Line 等）来传送数据。

以下简单介绍 TCP/IP 中的协议都具备什么样的功能及其工作原理。

（1）网际协议 IP。网际协议 IP 是 TCP/IP 的心脏，也是网络层中最重要的协议。IP 层接收由更低层（网络接口层，如以太网设备驱动程序）发来的数据包，并把该数据包发送到更高层（TCP 或 UDP 层）；反之，IP 层也把从 TCP 或 UDP 层接收来的数据包传送到更低层。IP 数据包是不可靠的，因为 IP 并没有做任何事情来确认数据包是否按顺序发送的或者有没有被破坏。IP 数据包中含有发送它的主机的地址（源地址）和接收它的主机的地址（目的地址）。

（2）TCP 协议。如果 IP 数据包中已经存在封好的 TCP 数据包，那么 IP 将把它们向"上"传送到 TCP 层。TCP 将数据包排序并进行错误检查，同时实现虚电路间的连接。TCP 数据包中包括序号和确认，所以把未按照顺序收到的包进行排序，而损坏的数据包可以被重传。TCP 将它的信息送到更高层的应用程序，例如 Telnet 的服务程序和客户程序。应用程序轮流将信息送回 TCP 层，TCP 层便将它们向下传送到 IP 层，经过设备驱动程序和物理介质，最后到达接收方。

（3）UDP 协议。UDP 与 TCP 位于同一层，它不解决数据包的顺序错误或重发问题。因此，UDP 主要用于那些面向查询/应答的服务，例如 NFS。欺骗 UDP 包比欺骗 TCP 包更容易，因为 UDP 没有建立初始化连接（简称握手）。

（4）ICMP 协议。ICMP 与 IP 位于同一层，它被用来传送 IP 的控制信息。它主要是用来提供有关通向目的地址的路径信息。ICMP 的"Redirect"信息通知主机通向其他系统的更准确的路径，而"Unreachable"信息则指出路径有无问题。另外，如果路径不可用了，ICMP可以使 TCP 连接终止。PING 是最常用的基于 ICMP 的服务。

3. 以太网的应用特点

以太网有商业以太网和工业以太网之分，商业以太网在数据传输过程中会产生传输延滞现象，通常称此现象为"不确定性"。商业以太网的传输延滞在 2～30 ms，不适合在实时

过程控制领域中应用,为此产生了工业以太网,工业以太网具有以下一些特点:

(1)工业以太网采用先进交换技术,在商业以太网的协议中加入了实时协议,即在以太网设备中加入了特殊的具有实时功能的芯片,从而提高了数据传输的实时性。

(2)工业以太网采用智能化工业集线器,它能智能地检测需要通信的现场设备所在的以太网 I/O 口,并为之提供数据缓冲区,大大缩短了现场设备的响应时间并减少了数据的重发次数,使得实时数据的传输延迟时间能够控制在 $200\ \mu s$ 之内,满足了多数场合实时控制的要求。

(3)工业以太网保留了价格低、可扩展性好等优点。

由于以上一些应用特点,工业以太网的应用增长速度很快,目前已经超过了其他网络的发展速度,具有很高的市场占有率。

工业以太网可以使用同轴电缆或光纤。目前工业以太网在水电站主干网的应用中,除了总线型和非环形网以外,还可以应用环形网。与总线型和非环形网相比较,环形网的可靠性较高,由于环形网某一点断开后,还可以通过环的另一侧进行通信。对有些可靠性要求很高的水电站,还可以采用双环形结构。环形网需要采用环形交换机,如 MICE3000、RS2 等。环形网的缺点在于它增加了工程安装的难度和复杂性以及工程费用。

7.3　水电站远动通信规约

远动通信规约是水电站远动通信的核心之一,它通常规定了以下内容:同步方式、帧格式、数据结构和传输规则,其中,传输规则是通信规约的核心,它确定了一个规约区别与其他规约的独特的工作方式。水电站通信规约一般也适用于变电所远动通信,只是传输的数据内容不同而已。

水电站远动通信规约按照通信接口可分为两大类:基于串口通信方式的规约和基于网络通信方式的规约。基于串口通信方式的规约又可分为 CDT 规约和 POLLING 规约两大类,其中 POLLING 规约又包括 MODBUS 规约、SERIES V 规约、SC 1801 规约、μ4F 规约等。对于基于网络通信方式的规约,有 DL 476—1992 规约、TASE.2 规约和 DL/T 634.5104—2002(104 规约)等。随着网络通信在计算机通信领域的广泛运用,基于网络通信方式的规约正在成为水电站远动通信规约中的主流。虽然有的应用将网络规约用于串口方式的远动通信,但它的真正用武之地是利用高速数据通道(如光纤通道)实现水电站计算机监控局域网和调度中心局域网之间的远动通信。依靠高速数据通道的快速传输速率,运用网络方式实现远动通信。以下介绍的规约中 1~6 为基于串口通信方式的规约,而 7~9 为基于网络通信方式的规约。

7.3.1　CDT 规约

CDT 规约即循环式远动规约 DL 451—1991,是现今应用范围最广的远动通信规约之一。该标准由中华人民共和国能源部提出,由全国电力远动通信标准化技术委员会归口,由能源部中电联、南京自动化研究院、电力科学研究院负责起草,能源部调通局、南京电力自动化设备厂、东北电管局、西北电力设计院、郑州供电局参加。于 1991 年 11 月发布,1992 年 5 月正式实施。

CDT 规约规定了电网数据采集与监控系统中循环式远动规约的功能、帧结构、信息字结构和传输规则等。CDT 规约适用于点对点的远动通道结构及以循环字节同步方式传送远动信息的远动设备与系统,也适用于调度所间以循环式远动规约转发实时远动信息的系统。

1. 帧结构

CDT 规约的帧结构如图 7-15 所示。

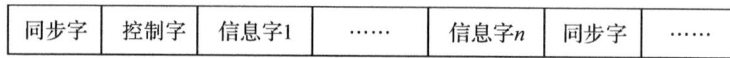

| 同步字 | 控制字 | 信息字1 | …… | 信息字*n* | 同步字 | …… |

图 7-15　CDT 规约的帧结构

同步字一般是 EB90EB90EB90 或 D709D709D709。控制字是帧结构中的核心部分,包括控制字节、帧类别、信息字数、源站址、目的站址和一个校验字节。信息字是 CDT 规约的基本数据单元,每个信息字由一个功能码字节、四个数据字节和一个校验字节组成,其中功能码字节用于区分数据类别。

2. 传输的信息内容

水电站计算机监控系统用 CDT 规约可以向调度中心上传遥测、遥信、事件顺序记录(SOE)和电能脉冲计数值等,调度中心可以向水电站计算机监控系统下达以下命令:遥控、设定、升降、对时、复归、广播、召唤子站工作状态等。

3. CDT 规约的传输规则

(1)采用可变帧长度。

(2)遥测帧、遥信帧和电能脉冲帧循环传送,重要遥测量(A 帧)更新循环时间较短,电能脉冲量(D2 帧)更新循环时间较长。

(3)循环量、随机量和插入量采用不同形式传送信息。

(4)事件顺序记录(E 帧)以帧插入方式传送。

4. CDT 规约的特点

(1)采用全双工通信方式,传输规则灵活,由于采用循环传送方式,所以对远动通道的要求不高。

(2)由于信息字中功能码只占一个字节,因此用此规约进行通信,其远动信息表的容量是有限的:遥测 256 点,遥信 512 点,电能脉冲计数值 64 点,遥控、升降、设定各 256 点。这样的容量适用于远动信息表容量不大的中、小型水电站的远动通信。

(3)有效数据字节占信息帧总字节数的比率低,因为每个信息字中都有功能码和校验字节,有效数据字节的比率小于 67%。

5. CDT 规约的扩展

在一些实际应用中,为了扩充 CDT 规约的容量,采用了增加帧类别和取消信息字随机插入的方法。同时,为了提高实时性,将帧长度控制在一定范围内。这样尽管解决了矛盾,但与标准 DL 451-1991 相差较大,降低了规约的通用性。

7.3.2　MODBUS 规约

MODBUS 规约是典型的 POLLING 规约,由于规约简单明了,所以在数据通信中应用相当普及,但它的效率极低,不适用于对实时性要求很高的通信,尤其是在子站数目较多的情况下。与别的 POLLING 规约相比,MODBUS 规约对数据通道的要求也较高。MODBUS 规约有 ASCII 模式和 RTU 模式两种传输模式,以下以 RTU 模式为例进行说明。

1. 帧结构

MODBUS 规约的帧结构主要有两种:一种是固定帧,包括主站的读操作和写操作;另一种是可变帧,主要是子站的响应帧。每一个 MODBUS 数据帧均包含以下四个部分:地址区、功能码区、数据区和校验码区。下面分别给予说明。

(1)地址区。地址区由一个字节数据构成,用以区分主站发出的数据包应该传送给哪个子站。地址范围介于 2～246。只有具有与该地址相同地址的子站,才能被选中执行在数据包中规定的命令。

(2)功能码区。功能码区包括一个字节,用以通知被选中的子站该执行哪种功能操作,主要有两种 MODBUS 功能操作:一种是读操作,功能码 03,用以获得子站的实时数据;另一种是写操作,功能码 06,用以对子站进行控制操作。

(3)数据区。数据区的长度是不固定的,它包含有主站请求信息、子站响应主站回发的数据以及应答信息,通常采用 16 位无符号整型数据模式,高字节在先,低字节在后。

(4)校验码区。该区提供给接收方以判别数据传输是否出错。在 RTU 模式下,相应的校验码为 CRC16,即 16 位冗余循环码校验模式。在发送方,依据地址码、功能码以及数据生成 CRC16 校验码,并将其置于数据包最末端的两个字节;接收方则对整个数据包做相同运算,若传输正常则得出一致结果,不一致的结果表明传输出错,整个数据包将被忽略。

2. 传输的信息帧

信息帧分为读操作(功能码 03)主站请求子站命令、读操作子站响应主站应答、写操作(功能码 06)主站请求子站命令和写操作子站响应主站应答。详细信息参考表 7-1。

表 7-1　信息帧读和写操作信息

读操作				写操作			
主站请求子站命令		子站响应主站应答		主站请求子站命令		子站响应主站应答	
从站地址	1 字节	从站地址	1 字节	从站地址	1 字节	从站地址	1 字节
03 (功能码)	1 字节	03 (功能码)	1 字节	06 (功能码)	1 字节	06 (功能码)	1 字节
起始地址	2 字节	数据字节数	2 字节	寄存器地址	2 字节	寄存器地址	2 字节
操作寄存器数	2 字节	第一个寄存器当前值	2 字节	寄存器内容	2 字节	寄存器数 (0001H)	2 字节
		第二个寄存器当前值	2 字节				
CRC 校验码	2 字节	CRC 校验码	2 字节	CRC 校验码	2 字节	CRC 校验码	2 字节

3. MODBUS 规约的传输规则

主站与多个子站通过 RS485 进行串行通信,它遵循下列原则:

(1)采用主从通信模式,从站地址范围从 0～247,0 是广播地址,对所有从站有效。

(2)在通信网络上由主站初始化且控制所有数据的传递。

（3）在任何情况下,子站都不会主动地开始一次通信序列。

（4）在 RS485 网络上,所有通信都以一种"数据包"的形式出现,每个数据包可看成是每字节 8 位数据的串行数据流,在每个数据包中最多可包含 255 个字节,每个字节由异步串行数据位构成,类似于常用的 RS232C 数据模式。

（5）MODBUS 规约支持 ASCII 和 RTU 两种模式。

（6）若主站对子站发出未经定义的功能码或寄存器地址,子站将不予响应或回答意外结果。

7.3.3　SC 1801 规约

POLLING 规约也称为问答式通信规约,可以用 12 个字来概括它的传输规则:一问一答,有问再答,无问不答。SC 1801 规约是目前较常用的一种 POLLING 规约。

1. SC 1801 的帧结构

SC 1801 的帧结构,如图 7-16 所示。每个信息帧的开始是子站标识字节,表示厂站端的 ID。R 是信息帧重发位,主站在发出信息帧后,若在一定时间间隔内没有收到回答,则重发信息帧,并置 R=1。D 是方向位,下行信息帧中 D=0,上行信息帧中 D=1。命令码的取值范围是 00H~3FH。数据长度字是数据区的字节长度,占两个字节。数据区中包含了遥测、遥信、电能脉冲量等内容。在上行信息帧中,数据区的第一个字节是子站状态,这是一个重要的字节,内有 SOE 标志、电能脉冲标志、时钟标志等重要信息,主站根据这个字节的内容来组织下一个查询信息帧。

子站标识		
R	D	命令码
数据长度字		
数据区		
校验字		

图 7-16　SC 1801 的帧结构

2. SC 1801 的传输规则

（1）初始化工作。主站首先向子站要配置,包括遥测、遥信、电能脉冲量、遥控和遥调的点数;在收到子站应答后,主站接着加载死区值和设时,要一次全数据。

（2）在完成初始化工作后,主站不断地向子站发出查询帧,子站上传遥信和变化遥测,若有 SOE,则子站状态字节中的 SOE 标志置 1,主站接着向子站要 SOE 数据。

（3）主站每隔一段时间（通常是几分钟）要一次全数据,并定时设时。

3. SC 1801 的特点

（1）采用半双工通信方式,实现简单。远动通道的占用率低,主站通常只向子站下发查询帧,子站通常只上送遥信和变化遥测,而不是像 CDT 规约那样不停地上送全数据。

（2）由于每封信息帧只有一个校验字节,因此信息帧中有数据字节的比重高于 CDT 规约。

（3）对远动通道的要求高。若通道误码率高,会造成远动通信（应用层）的通信中断,进而不能保证远动通信的实时性。

（4）由于 SC 1801 规约最初是为 RTU 装置设计的,容量上存在一定的局限性:遥测为 192 点,遥信为 384 点,电能脉冲量为 128 点,遥控为 256 点（按板类型是 TIMED RELAY DRIVER 算）,遥调为 128 点,而且这些容量是在不考虑其他量的情况下算出的各类数据最大容量,实际应用中各类数据容量远小于上述最大容量。

综上所述,SC 1801 规约适用于远动信息容量较小、远动通道状况较好的水电站的远动通信。

7.3.4　SERIES V(或简称 S5)规约

SERIES V 规约也是引进调度系统时顺带引进的通信规约,目前在安徽地区省调通信中应用。

S5 规约中主站的下行信息帧长度固定,这样便于子站接收。由于没有查询命令,在完成初始化工作后,主站循环向子站要全数据和变化遥测,或根据上行信息帧中变信遥信数向子站要遥信。可以看出其工作效率低于 SC 1801 规约。S5 规约的远动信息表容量:遥测、遥信、电能脉冲量接近 256 点,遥控为 256 点,遥调为 64 点,综合容量大于 SC 1801 规约。S5 规约适用于实时性要求不高、远动通道状况较好、远动信息表容量不大的水电站的远动通信。

7.3.5　μ4F 规约

μ4F 规约与 SC 1801 规约相近,最早都用于调度与 RTU 装置之间的通信,但信息帧格式与传输规则比 SC 1801 规约复杂,在华东、华中、华北等地都有应用的实例。

7.3.6　DL/T 634—1997(101 规约)规约

101 规约以问答方式进行数据传输,适用于网络拓扑结构为点对点、多个点对点、多点共线、多点环形和多点星形网络配置的远动通信系统中,远动通道可以是双工或半双工,采用的帧格式为 FT1.2 异步字节传输格式。

7.3.7　DL 476—1992 规约

电力系统实时数据通信应用层协议 DL 476—1992 由中华人民共和国能源部提出,由全国电力远动通信标准化技术委员会归口,由能源部电力调度通信局、电力科学研究院和南京自动化研究院负责起草。DL 476—1992 标准定义了电力系统实时数据通信应用层协议,描述了数据格式、控制序列及服务原语,适用于电力系统控制中心之间的实时数据通信。

DL 476—1992 规约是建立在网络通信的基础上,充分利用网络通信速度快、信息容量大的特点形成自己独特、庞大的数据块类型,例如测量量数据块就有全测量量整型块、全测量量实型块、成组测量量整型块、成组测量量实型块、变化测量量整型块、变化测量量实型块、带时标的测量量数据块等类型,如此丰富的测量量数据类型,对于串口通信来说,简直是无法想象的。实型测量量的使用,消除了遥测量的转换误差。用 DL 476—1992 作为水电站远动通信规约,其远动信息表的容量也远大于用于串口通信的远动规约。DL 476—1992适用于远动通道性能好、远动信息表容量大的远动通信网络。

下面分别介绍 DL 476—1992 协议的帧结构和传输规则。

1. 帧结构

DL 476—1992 规约的应用协议数据单元(或称为 APDU)分为三种:

(1)协议控制的 APDU,用于双方通信进程之间联系的建立、释放、放弃或复位。

(2)基本数据的 APDU,用于数据的接收、发送及应答控制。

(3)扩充数据的 APDU,用于查询等。

协议控制的 APDU 的整体格式如图 7-17 所示。报头中包括控制域、运行模式、状态标识、原因码和参数域长度;参数域中描述了受权码、缓冲区长度、窗口尺寸、协议版本号、目的节点、源节点、目的进程和源进程,有的还有扩充参数。

基本数据的 APDU 的整体格式如图 7-18 所示。报头中包括控制域、接收序号、发送序号、优先级等参数。数据块可以是各种类型的数据模块,包括测量量块、状态量块、电能量块、设定点命令块、开关命令块、升降命令块、时间块等。

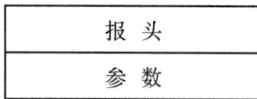

报　头
数据块1
……
数据块*n*

图 7-18　基本数据的 APDU 的整体格式

报　头
参　数

图 7-17　协议控制的 APDU 的整体格式

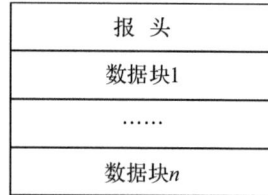

扩充数据的 APDU 的格式与基本数据的 APDU 的格式相近,报头中包括控制域、原因码、块类型、数据索引表号和长度域,主要用来查询数据和发送控制命令等。

2. 传输规则

DL 476—1992 通信协议运用了 Client/Server 模型。水电站计算机监控侧作为服务器端(Server),调度中心作为客户端(Client)。

(1)首先由 Client 向 Server 发出建立连接的请求,Server 给以连接应答,这样,就建立了 Client 和 Server 之间的一个联系。

(2)Client 定时(通常是几分钟)向 Server 检测和查询全数据。

(3)Server 将遥信、变化遥测和 SOE 等实时数据量主动送给 Client,Client 应予以应答。

(4)Client 通过扩充数据的 APDU 向 Server 发出控制命令,Server 应予以应答。

(5)在 Client 和 Server 的联系中断后,需重新建立连接,再继续完成(2)~(4)。

7.3.8　TASE.2 规约

TASE.2 规约是新颁布的网络通信规约,它是我国等同采用国际标准而引入的国际标准规约,体现了数据通信规约在新形势下与国际接轨的指导思想。

TASE.2 规约(亦称控制中心间通信协议 ICCP)可使电网控制中心与其他电网控制中心、区域控制中心、独立发电站等通过广域网(WAN)进行数据交换。交换的信息由电力系统监视和控制用的实时数据和历史数据组成,包括测量数据、计划数据、电能量结算数据以及操作消息。

TASE.2 采用面向对象的方法,根据外部可观测的数据和行为,对实际的控制中心进行描述。对象在本质上是抽象的,故可用于各种应用。在控制中心之间的通信中 TASE.2 的使用远远超出了应用的范围。对于任何具有类似要求的应用领域而言,此规范须被视为一个工具箱,TASE.2 能用于变电站自动化、发电厂、工厂自动化、化工厂或具有类似要求的场所,它为高级的信息和通信技术提供了通用的解决方案。

7.3.9　DL/T 634.5104—2002(104 规约)规约

104 规约是采用标准传输协议子集的 IEC 608705101 的网络访问,要求采用端口号

2404。104 规约适用于具有串行比特编码数据传输的远动设备和系统,用以对地理广域过程的监视和控制。制定远动配套标准的目的是使兼容的远动设备之间达到互操作性。本标准利用了国际标准 IEC 608705 系列文件,规定了 IEC 608705101 应用层与 TCP/IP 传输功能的结合。

7.4　水电站计算机监控系统的通信实现

水电站计算机监控系统通信包括现地控制单元层设备之间、现地控制单元层与站控层之间以及站控层与远方控制中心(为简单起见,将各级调度中心或集控站统称为控制中心)的通信。同时,水电站计算机监控系统还可配置与水情测报、火灾报警、大坝监测、船闸、坝上闸门等监控系统外其他系统交流信息的接口与通道。

7.4.1　水电站计算机监控系统对数据通信的要求

数据通信是水电站计算机监控系统的重要技术支撑。为确保水电站计算机监控系统的安全稳定运行,其数据必须满足实时性强、可靠性高、优良的电磁兼容性能等要求。

1. 实时性

水电站计算机监控系统要对水电站的生产过程进行实时的监视和控制,因此,要求有足够快的响应速度,即有良好的实时性。其主要内容如下:

(1)电站主控层的响应能力应该满足系统数据采集、人机通信、控制功能和系统通信的时间要求。

(2)现地控制单元的响应能力应该满足对生产过程的数据采集和控制命令执行的时间要求。

(3)电站主控层计算机的计算能力和控制的响应时间应满足机组控制的实时要求。

(4)计算机监控系统要采用同步时钟校正实时时钟。

DL/T 578—1995《水电站计算机监控系统基本技术条件》中对此作出了以下规定:

(1)数据采集时间。状态和报警点采集周期为 1 s 或 2 s;模拟点采集周期电量为 1 s 或 2 s,非电量为 1~30 s;事件顺序记录(SOE)分辨率不大于 5~20 ms。

(2)人机接口响应时间为 1~3 s。

(3)现地控制单元接受命令到开始执行时间应小于 1 s。

(4)双机切换时间。采用热备用时,保证实时任务不中断;采用温备用时,应不大于 30 s;采用冷备用时,应不大于 5 min。

2. 可靠性

可靠性对电力系统来说是至关重要的。采用计算机监控后,对计算机监控系统就提出了很高的可靠性要求。表明系统可靠性的指标有事故平均间隔时间(Mean Time Between Failures,简称 MTBF)和平均停运时间(Mean Down Time,简称 MDT),常见的还有平均检修时间(Mean Time to Repair,简称 MTTR)。通常以小时(h)计。主控计算机(含磁盘)的 MTBF 应大于 8000 h;现地控制单元的 MTBF 应大于 16000 h。

为了提高系统的可靠性和可利用率,可以采取以下措施:

(1)增加冗余度。

(2)改善环境条件。

(3)抗电气干扰。

(4)减少元件数量。

(5)设置自诊断,及时找出故障点。

(6)在设计时要特别注意增加系统结构的可靠性。

3. 电磁兼容性

水电站处于强电磁干扰源的运行环境中,存在电源、雷击、跳闸等强电磁干扰和地电位差干扰,通信环境恶劣,数据通信网络必须采取相应的措施屏蔽上述干扰源的影响。

7.4.2 水电站内的数据通信

在具有站控层—现地控制单元层的分层分布式计算机监控系统中,需传输的信息有多种类型,采用的通信方式也各不相同。

1. 站内传输的信息

(1)现地控制单元层的信息交换

在现地控制单元层内部,各自动装置和测控装置之间交换的信息主要有测量数据、一次设备状态、现地控制单元层设备的运行状态、有关闭锁和联锁的信息等。

(2)现地控制单元层与站控层间的信息交换

现地控制单元层和站控层的通信内容主要有以下三类:① 测量及状态信息:正常和事故情况下的测量值和计算值,断路器、隔离开关、主变压器分接开关位置、各现地控制单元层运行状态、保护动作信息等。② 操作信息:发电机的开、停机命令,断路器和隔离开关的分、合命令,主变压器分接头位置的调节,机组转速及有功功率调节,机组电压及无功功率调节,自动装置的投入与退出等;③ 参数信息:微机保护和自动装置的整定值等。

(3)站控层的内部通信

站控层不同设备之间的通信,要根据各设备的任务和功能特点,传输所需的测量信息、状态信息和操作命令等。

2. 站内通信的实现

水电站计算机监控系统的数据流流向是从设备层——→现地控制单元层——→站控层和远方控制中心,下传信息类同,图 7-19 所示为水电站自动化系统接口模型。

(1)设备层与现地控制单元层的连接。目前,设备层与现地控制单元层间常采用传统二次电缆连接,将一次设备的模拟量和开关量送到现地控制单元的测控单元,并将相应的控制命令发送到一次设备。

(2)现地控制单元层设备之间的通信。现地控制单元的测控单元、继电保护和自动装置等 IED 之间,以及各 LCU 层单元之间,可通过串口 RS485、现场总线或以太网通信,传输介质一般为双绞线、电缆或光纤。

(3)现地控制单元层与站控层的通信。现地控制单元层测控单元一般直接上站控层网络与站控层各主机之间或控制中心进行通信。站控层主机和远动数据处理及通信装置所需数据均直接来自测控单元,远动数据处理及通信装置将收到的数据上传到各级调度,站控层主机将来自测控单元的数据进行相关处理后存入数据库。传输介质可以是电缆或光纤。

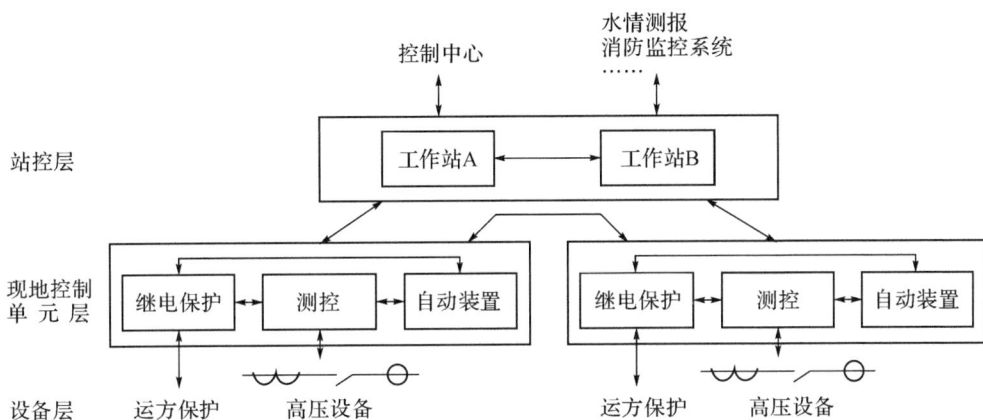

图 7-19　水电站自动化系统接口模型

（4）站控层的通信。站控层各设备之间通过站控层网络进行通信,常采用以太网,也可采用现场总线网或光纤环网。

7.4.3　水电站与控制中心的通信

以前调度通信是采用调度电话的方式来实现的,上级调度中心用电话下达调度控制命令,水电站也通过电话向上级调度中心反映水电站的运行情况。随着自动控制技术在水电站中的应用,在 20 世纪 80 年代和 90 年代早期曾大量采用过"RTU 远动方式",即在水电站侧设置电网调度自动化系统的 RTU,采用 CDT 或 POLLING 规约(一种远动规约)接收调度控制命令,并向上级调度传送各类水电站运行数据。自 20 世纪 90 年代以来,由于微机和工作站在水电站监控系统中的大量运用,不少水电站监控系统已实现了与电网调度自动化系统的计算机通信,使得远方控制中心对水电站的调度控制更方便、更先进。

水电站计算机监控系统站控层与远方控制中心的通信较常见的方式是通过上位机的通信工作站来实现。通过通信工作站,信息可远传至电网调度中心。

1. 远动术语

（1）远动。水电站远动是在水电站计算机监控系统(或监控装置)与上级调度中心遵循特定的规约实现数据交换。水电站计算机监控系统有时还要与保护装置、励磁系统、闸门控制系统、水情测报系统、电站 MIS 系统实现通信,但水电站远动是与上级调度中心的通信,当然,上级调度中心可以是地调、梯调、省调或网调。

（2）主站。远动通信中的各级调度(地调、梯调、省调、网调和国调)都可构成主站,主站从子站获得远动数据、向子站发出远控指令,对应于数据通信中的客户端。

（3）子站。子站是指远动通信中的水电站计算机监控系统;向主站提供各类远动数据、接受主站下发的远控指令并执行,对应于数据通信中的服务器。

（4）上行信文。从子站发往主站的信息帧为上行信文,包括遥信帧、遥测帧、SOE 信息帧等。

（5）下行信文。从主站发往子站的信息帧为下行信文,主要包括连接、设时、遥控、遥调、应答等信息帧。

（6）信息帧。按照一定规则组织的,具有特定含义的上、下行信文,例如遥信帧、遥测帧、遥控帧、遥调帧等,帧结构表示了通信信息帧的内容组织格式。

(7)遥信。远动通信数据的开入量,例如断路器或隔离开关的分/合状态,保护信号的动作/复归,AGC/AVC功能的投入/退出等,通常用一个或两个二进制位表示。

(8)遥测。远动通信数据的模入量,例如电机的电流,电压,有功功率、无功功率,温度,转速数值,上、下游水位,电网频率等,通常用二进制整型、二进制码值型、BCD码值型、浮点型数表示。

(9)遥控。主站对子站的控制操作,对应于开出量,例如开(停)机操作、跳(合)闸操作。

(10)遥调。主站对子站的控制操作,对应于模出量,例如机组有(无)功调节操作。

(11)数据发送。将数据处理成适用于信道传输的信号,将携带数据内容的信号通过信道发送,信号形式的设计与信道的性质有关。

(12)数据类型。数据类型包括模拟数据(如声音曲线)和数字数据(如整数序列)。

(13)信号。包括模拟信号和数字信号。

(14)载波。模拟数据不经转换直接发送,例如模拟电话。

(15)编码。数字数据不经转换直接发送。

(16)采样。模拟数据转换为数字信号发送,例如IP电话。

(17)调制。数字数据转换为模拟信号发送。

(18)"四遥"或"五遥"。通常所说的"四遥"是指遥信、遥测、遥控、遥调,而"五遥"是指在"四遥"的基础上,再加上遥视。遥视是指远程视频监控。

2. 通信模式

(1)基本模式

最基本的远动通信模式如图7-20所示。

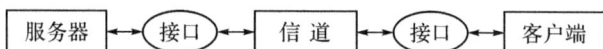

图 7-20　基本的远动通信模式

图7-20中的五个组成部分:服务器、服务器侧通信接口、信道、客户侧通信接口和客户,其中服务器、服务器侧通信接口属于接收器(或发送器);信道即介质;客户侧通信接口和客户属于发送器(或接收器)。由于服务器和客户的对应关系、接口方式和远动信道的多样性,因此在实际应用中,从基本模式又演变出多种不同的数据通信实现模式。

(2)一对一模式和主从模式

一对一模式即一个主站对一个子站,通常采用RS232C串行通信接口来实现,通信规约可采用CDT规约等。

主从模式即一个主站对多个子站,通常采用RS485或RS422串行通信接口来实现,通信规约可采用MODBUS规约和PROFIBUS规约等。

(3)冗余通信模式

采用双机单通道、单机双通道或双机多通道等模式实现冗余通信,目的是提高数据通信的可靠性。

(4)独立模式和非独立模式

独立模式是指数据通信任务独立于水电站计算机监控系统,既与水电站计算机监控系统通信,又与调度中心通信。在此种模式下,数据通信可以采用专用通信机,也可采用其他通信装置,其作用更像是规约转换器:一方面与调度中心实现远动通信,另一方面与水电站计算机监控系统实现近地通信。尽管多了一个中间环节(规约转换),但独立模式具有非独立模式所没有的诸多优势:① 消除了通信进程对水电站计算机监控系统的影响;② 通信程序的可移植性强;③ 适用性强;④ 扩充能力强,若进行适当的通信结构组态,可实现多个调度间的远动通信,进一步改进后,可使其成为通信中继。

非独立模式是指数据通信作为水电站计算机监控系统的一个进程(或任务)运行于监控系统应用软件中。在该模式下,数据通信既可以放在操作工作站中,又可以运行于通信工作站中,但无论哪一种情况,数据通信都依赖于监控系统,而无法独立运行。另外,由于通信进程直接与监控系统中的数据库建立了实时数据动态链,数据通信的实时性得到了保证,并且实现成本较低。但通信进程对监控系统的依赖使通信进程的可移植性降低,并且错误的进程操作和通信数据的修改可能影响整个系统的运行,使系统的可靠性下降。

从目前国内水电站通信的实现情况看,非独立模式仍占主导地位,但考虑到独立模式所具有的特点,有理由相信它在未来水电站远动通信中会发挥更大的作用。

(5)专用信道模式和复用信道模式

①专用信道模式。在专用信道模式下,远动通信独占信道,因此,信道的全部带宽都可用来进行远动通信;另外,由于受到的干扰少,远动通信的独立性、完整性和实时性得到了保证。早期的远动通信以及基于串行口的远动通信一般都采用专用信道模式。

②复用信道模式。随着网络技术的发展和普及,在现今越来越多地采用复用信道模式,如卫星通道。在此种模式下,远动通信和其他应用诸如视频、电子邮件、电话一起占用通信信道,共享信道资源,提高了通信信道的利用率。但是,多个应用使用同一信道,使得信道的带宽得到了充分的利用,但同时也带来了各个应用之间的相互干扰,例如在进行远动通信的同时,可能在信道上正在传送视频图像,并且电子邮件也在信道上发送,因此,存在多个应用对信道资源的竞争和抢占。有时,这种相互竞争对远动通信来说却是"致命"的。试想信道上正在传送大量的视频图像,由于信道带宽有限,信道的资源被视频大量占用,使得对实时性要求很高的远动通信无法正常进行,若此时调度下发一个控制令,很可能就"石沉大海",甚至造成远动通信的完全中断,直到视频图像传完,释放信道资源为止,这种情况的出现对远动通信来说是不能接受的。

因此,在采用复用信道模式时,应区分主次,明确各个应用使用信道的优先权:实时数据传送的优先权高,非实时数据传送的优先权低,当出现多个应用需同时使用信道资源时,应优先考虑对实时性要求高的远动通信;否则应采用专用信道模式。

3. 水电站与控制中心的实现

远动通道按通信介质可分为有线和无线两类,有线通道主要有电力载波、音频电缆、光缆;无线通道主要有微波、无线电等。按传输的信号分类有模拟通道和数字通道两类,模拟通道主要有电力载波、音频电缆等;数字通道主要有光缆、数字微波等。

(1)电力载波通信

电力载波通信是电力系统传统的特有通信方式,曾是电力通信的主要方式。它利用载波机将低频话音信号调制成 40 kHz 以上的调频信号,通过专门的结合设备耦合到电力线上,信号会沿电力线传输,到达对方终端后,再采用滤波器将高频信号和工频信号分开。这种利用电力线既传送电力电流,又传送高频载波信号,称为电力线的复用。其突出的优点是不用专门架设通信线路,随电力线延伸,投资不大,应用普遍。

(2)光纤通信

由于光纤通信具有抗电磁干扰能力强、传输容量大、频带宽、传输衰耗小等优点,其一出现便首先在电力部门得已应用并迅速发展。普通光纤及一些专用于电力系统的特种光纤在电力通信中已大量使用,如长距离主干光缆线路及本地传输等。电力特种光缆包括:① 地线复合光缆(OPGW),即架空地线内含光纤。这种光缆使用可靠,不需维护,但一次性投资大,适用于新建线路或旧线路更换地线时使用。② 无金属自承式光缆(ADSS)。这种光缆可以提供数量大的光纤芯数,价格适中,安装维护方便,还能避免雷击,仅容易发生电腐蚀。③ 地线缠绕光缆(GWWOP)。这种光缆用专用机械把光缆缠绕在架空地线上,其光纤芯数少,经济且简易,具有较高的可靠性。④ 其他,如相线复合光缆(OPPC)、金属铠装自承式光缆(MASS)等。

思考题

1. 什么是数据通信? 它由哪几个基本元素组成?

2. 按照信息传送的方向和时间,通信方式可分为哪三种工作方式?

3. RS-232 和 RS-485 两种串行通信接口各有什么特点?

4. 什么是现场总线系统? 它由哪几层构成?

5. CAN 现场总线有哪些特点?

6. 与现场总线相比较,以太网最大的优点是什么? 并说明理由。

7. TCP/IP 协议由哪几个层次构成? 请说出它们各自的作用。

8. 以太网有商业以太网和工业以太网之分,为什么水电站计算机监控系统需要用工业以太网? 工业以太网与商业以太网相比具有哪些应用特点?

9. 远动通信规约一般由哪些内容组成? 其核心部分是什么?

10. 水电站远动通信规约按照通信接口可分为哪两大类? 每类分别举出三种规约进行说明。

11. CDT 规约和 MODBUS 规约的主要区别有哪些?

12. 水电站计算机监控系统对数据通信有哪些要求?

13. 现地控制单元层和站控层的通信内容主要有哪三种?

14. 水电站内部各个层次的通信是采用何种方式实现的?

15. 什么是"四遥"? 什么是"五遥"? 并说出各"遥"的含义。

16. 远动数据通信由哪几个部分组成? 它有哪些通信模式?

17. 光纤通信有何优点?

第8章 水电站计算机监控综合自动化

◆ **学习目标**

1. 掌握水电站综合自动化的内涵，了解水电站综合自动化改造的基本原则及实施思想
2. 掌握水电站数字式励磁系统的主要类型、基本结构及特点
3. 初步掌握网络视频监控系统的组成、特点及应用
4. 掌握微机调速器的总体结构及典型微机调速器的应用

8.1 概　述

在我国，水电站综合自动化问题的提出始于 20 世纪 70 年代，1979 年由原电力部科技委在福建古田主持召开的"全国水电站自动化技术经验交流会"提出了 1979—1985 年的七年奋斗目标，即水电站自动化科学技术发展七年规划，要求加强梯级电站和大型电站综合自动化试点工作，但由于当时技术条件的限制，研究的注意力逐渐集中于计算机监视和控制技术的研究。经过多年的发展，水电站计算机监控技术已基本成熟，在国内的大中小型水电站得到推广应用，取得了非常好的经济效果。同时由于计算机技术及相关的网络技术、通信技术的迅速发展，水电站内出现了多系统互联的趋势，如隔河岩水电站原引进加拿大 CAE 公司的计算机监控系统，但在几年运行中发现还不能满足电站的运行要求，后又增加了许多防洪、调度、管理、通信等子系统，使原引进的监控系统外部连接混乱，管理维护困难。广州蓄能电站也有类似情况，为了能进行扩充，从原打字机接口接入 MIS 系统等。这些都说明在水电站运行管理也在不断向减人增效、"无人值班"（少人值守）的方向发展，迫切需要进一步研究水电站综合自动化系统领域的关键技术，进一步提高水电站的运行管理水平和综合自动化水平。

8.1.1　水电站综合自动化的内涵

从水电站的总体层次上来分析，其综合自动化体现在如下方面：

（1）水电站实际是水、机、电的一个综合整体，相互之间既有分工又密切联系，因此考虑综合自动化是适宜的。

（2）水电站综合自动化涉及电力调度、水利调度、航运调度、水情测报以及灌溉及防洪等，因此有关的研究应涉及上述各行业的协调问题。

（3）水电站状态监测及预测检修是当前很受关注的问题,它除了涉及监控系统常规的内容外,还包括与振动摆度、汽蚀磨损、绝缘间隙等测量装置的接口与配合问题等,需要全面考虑。

（4）水电站综合自动化也涉及如何在原有计算机监控系统的基础上,实现功能的扩展及提高的问题,如新型计算机技术、网络增建及延伸、人工智能、多媒体技术等。

（5）水电站综合自动化任务的提出,更使水电站的自动化成为一个系统工程,其各部门和领域之间的有机协调配合将会使整个系统配置更为合理、利用效率更高,例如一些综合性的问题,以往单项控制时它们之间所隐含的关系常被忽略掉,而在综合自动化系统中则比较容易实现,以此来提高系统性能,加速系统的速动性及实时性并改善系统间的协调性。

8.1.2　水电站实施综合自动化改造的基本原则

水电站进行技术改造,逐步提高自动化水平和运行管理水平已是必然趋势。水电站由于受各方面条件的限制,必然采用分步实施方式进行技改。因此,如何进行总体设计以利于分步实施,最大限度地避免重复投资,是技术改造合理、成功的关键。

水电站的生产、管理是一个完整的整体,应该从系统的角度来考虑水电站的综合自动化问题。计算机集成制造（Computer Integrated Manufacturing,简称 CIM）正是这样一种系统思想。它是一种组织、管理与运行企业现代化生产的新哲理。它借助计算机硬、软件,综合运行现代管理技术、制造技术、信息技术、自动化技术、系统工程技术,将企业生产全部过程中有关人、技术、经营管理三要素集成起来,并将其信息流与物流有机地集成,并优化运行。这一系统通常称为计算机集成过程控制系统（Computer Integrated Processing Systems,简称 CIPS）。

CIM 哲理近年来在全球范围内得到广泛的应用。针对不同类型的企业,有不同的应用模式。同时,由于其系统集成的复杂性,尤其是在我国产业技术水平相对较低的情况下,实施 CIMS 要从企业的实际情况出发,根据企业现在的基础设施的现状,使用最有效的、对组织最有利的方式将各种新技术集成到企业的计算环境中。从现有的组织管理体制看,以县电力公司为一个 CIPS 主体可能更恰当一些。因此将水电站的综合自动化系统看成是县级 CIPS 的一个子项目,从这一角度出发,提出以下几个原则:

（1）系统的实用性。系统的目标必须与企业要解决的关键问题相结合,要和企业的核心问题挂钩。电站要解决的核心问题是基层生产单位的自动化控制以及信息交流。因此采用 CIM 思想进行规划设计时,目标系统只包括生产自动化系统和管理信息系统两部分,可采用目前成熟和已获得成功应用的先进技术来实现。

（2）系统的广泛性。初始的应用设计应该满足企业现实的、各生产和管理环节的需求,同时还应考虑企业未来发展的潜在需求,即系统要具备良好的开放性和可扩展性,便于系统今后的升级、扩充和先进技术的采用。

（3）系统的简单性。在建设初期,企业整个技术水平和管理水平都可能还不适应,相应的企业其他信息资源、管理环境都不完善的情况下,要从作一些简单的应用开始,因为复杂的应用可能不易实现。

（4）系统建设的阶段性。设立恰当的阶段性目标,明确需要解决的主要问题,制定切实可行的计划。用系统工程的方法建立一个系统的框架,实现一些基本的功能,然后在这个基本系统的基础上不断发展。

8.1.3 水电站综合自动化改造分步的实施思想

企业生产技术水平是企业文化的一部分,对于运行多年的企业,员工在长期生产活动中,已形成了基于现有设备状况和技术水平的思维方式和工作方式,因此在实施技改和采用新技术时,应注重培养员工思维和工作方式的逐步转变,采用分批技改,可保证从旧企业文化向新企业文化的平稳过渡,从而保证技术过渡期生产的安全。

从技术投入本身来说,由于企业设备技术状况和健康状况不一,加上投入资金的限制,企业技改或技术更新基本上采用总体规划设计下的分批分步模式。

现场总线技术是基于开放性要求发展起来的全开放系统,具有极好的可扩展性能,是分步技改的首选技术。基于现场总线技术提出的小型水电站的技术更新可分四个阶段完成:

第一阶段:基于总体设计思想构造水电站控制系统整体框架。在电站一级配置工控机作为电站现有的监测点(具有标准信号输出或带有通信接口的 DCS、PLC 子系统)引入工控机,首先实现自动监测报警、记录、报表打印、模拟培训等功能。

第二阶段:增加必要的监测点,加入部分控制功能。在这一阶段,可根据电站的实际需求,更换或新增必要的传感器,加强对电站有关参数的运行监测,以全面了解电站的健康状况;同时对非核心设备和系统如辅助设备系统等进行配置,实现控制功能。

第三阶段:配置完善的监测点,实现全部控制功能。通过前两个阶段的试运行和调整,已基本保证了电站整体技术状况和健康状况的一致性,可进一步完善监测点的配置,全部实现控制功能,进而实现无人值班(少人值守)。

第四阶段:引入各种先进控制算法,实现优化运行,并完善整个管理网。

电站的生产管理系统以及与县级 CIPS 系统的挂接等模块,可根据县 CIPS 系统实施的进展情况决定。

总之,基于 CIPS 哲理进行系统的整体规划,在具体结构模型中,采用具有良好的开放性、扩展性的网络技术和现场总线技术来实现,符合小型水电站分步改造的实际。

8.2 水电站数字式励磁系统

励磁系统的基本功能是向同步发电机的转子绕组提供所需要的直流电流。励磁系统作为同步发电机的一个重要组成部分,它的运行状况直接决定发电机组的运行工况,进而影响整个水电站的安全运行水平。

励磁系统由功率单元、励磁调节单元以及保护回路等组成,该系统提供由交流电源转换的直流电压和电流作为发电机励磁能源。励磁系统能随负载的变动自动地改变励磁电压和电流,以维持发电机的电压恒定。当电网负载突然卸去或发生过载等事故时,励磁系统能迅速给予响应,提供相应的最大或最小的励磁功率,使同步发电机免遭损害而保持正常的运行工况。

作为同步发电机的重要组成部分,励磁系统随技术的进步出现了很多类型。目前电力领域内通行两种分类方法。一种是按照励磁系统本身能量的来源(供电方式)分类,可分为他励和自励两大类。他励是指发电机的励磁电源由与发电机无直接电联系的电源经整流电路整流供给励磁系统能源,如直流励磁机、交流励磁机等。他励励磁电源不受发电机运行状态的影响,可靠性较高。自励是指励磁电源取自发电机本身,采用励磁变压器作为交流励磁电源,励磁变压器接在发电机输出端或厂用电母线上,如晶闸管自并励、晶闸管自复励等,自励系统的功率单元由静止电力电气元件——晶闸管构成,取消了旋转电机,因此运行维护方便。另一种是按照励磁系统中励磁调节单元的调节手段分类,可分为模拟式励磁系统和数字式励磁系统两大类。励磁调节单元中主要通过硬件来进行调节的励磁系统称为模拟式励磁系统,励磁调节单元中主要通过软件来进行调节的励磁系统称为数字式励磁系统。目前,无论是新建水电站还是自动化改造,数字式励磁系统已经成为"主流",下面我们简要介绍数字式励磁系统的主要类型、基本结构、工作原理及优点。

1. 数字式励磁系统的主要类型

通常,核心控制器主要有 16 位微机和 32 位微机两种类型,控制微机有单片机、PLC、DSP、嵌入式工控机和通用型工控机等类型。数字励磁调节器的硬件结构型式是依据机组容量等级和所在电力系统的重要性进行选择的,目前主要有单通道数字式、双通道数字式和多通道数字式励磁系统。

(1)单通道数字式励磁系统中调节单元由单微机及相应的输入输出回路组成,有一个自动调节通道(AVR)和一个独立(或内含)手动调节器通道(FCR)。这种形式在中小型水电站中应用较多。

(2)双通道数字式励磁系统中调节单元由双套微机和各自完全独立的输入输出通道构成两个自动调节通道(AVR)和内含两个或一个手动通道(FCR)。正常情况下一个通道工作,另一个处于热备用状态,彼此之间用通讯方式实现跟踪功能,当工作通道故障时,备用通道能够自动而且无扰动地接替故障通道工作。这种硬件结构形式通常用于大中型水电机组,以确保机组的连续、可靠和稳定运行。

(3)多通道数字式励磁系统中调节单元目前主要有两种典型结构。一种是以多微机构成多自动通道,通常是三通道,工作输出采用 3 取 2 的表决方式;另一种是由多微机构成两个自动通道,外加模拟手动通道,多个微机间依据不同功能有不同分工,相互以通讯方式传递跟踪各种信息。这种硬件结构型式由于结构相当复杂,目前在发电厂中实用价值不大。

2. 数字式励磁系统的基本结构及工作原理

数字式励磁系统的基本结构如图 8-1 所示。

(1)调差环节。为了使并联运行的各发电机组按其容量向电网提供无功功率,以实现无功功率在各机组间稳定、合理地分配,在励磁调节单元的测量比较中设置了调差电路,用以改变发电机无功调节特性的斜率。若调差系数小,当无功电流变化时,发电机电压变化就小,所以调差系数的大小表征励磁控制系统维持发电机电压水平的能力。当调差系数为正,即 $S>0$ 时,调差特性向下倾斜,发电机端电压随无功电流的增大而降低;当调差系数为负,即 $S<0$ 时,调差特性向上翘,发电机端电压随无功电流的增大而上升;零调差系数即 $S=0$ 时,为无差特性,这时发电机电压不受无功电流变化的影响,保持恒定。

在发电机母线上相并联的机组,应采用正调差系数。采取单元接线方式时,发电机经升压变压器后在高压侧母线上相并联,考虑到无功电流在变压器漏抗上产生的电压降,要求发电机具有向上翘的调节特性,即 $S<0$ 的负调差系数,在减去变压器的电压降之后,机组在高压母线上的调节特性仍然是向下倾斜的。无论是正调差接线或负调差接线方式,都应符

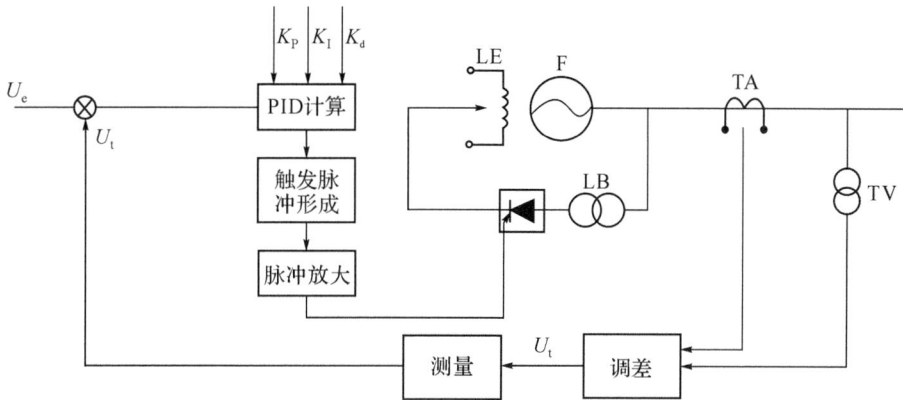

图 8-1　数字式励磁系统基本结构

合发电机感性无功负载增加,调节器应增加励磁电流的调节规律。如果感性无功电流减小,调差系数减小,发电机的励磁电流亦减小。

(2)信号测量环节。由发电机机端电压互感器 TV 和定子电流互感器 TA 来的信号,调差后并经过数据采集和数据处理,转换成 0~5V 的直流信号供单片机输入用。对于电量的采集有直流算法和交流算法,直流算法所用的硬件较多,但程序简单;交流算法所用的硬件较少,但是程序的编写较为复杂。

(3)移相触发及脉冲放大环节。励磁调节单元中移相触发模块的任务是产生相位可调的脉冲,用来触发整流桥中的晶闸管,使其控制角 α 随综合放大环节输出的控制电压 U 的大小而改变,从而达到自动调节发电机励磁电流的目的。因此,移相触发环节是励磁调节单元的关键部件之一,它要求:

①严格与励磁电源的电压保持相位上的同步;

②移相分辨率要高,移相范围大;

③各相触发脉冲的控制角要一致,即对称性好;

④能适用于单相半控桥、单相全控桥、三相半控桥或三相全控桥式整流电路;

⑤要具有频率自适应性能,即电网频率变化时,触发脉冲仍保持严格对称;

⑥产生的触发脉冲要有足够的功率,前沿要陡,要有适当的宽度。

3. 数字式励磁系统的优点

目前,同步发电机中尽管还在大量使用常规模拟式励磁系统,但随着发电机单机容量和电网容量的不断增大,电力系统及发电机组对励磁控制在快速性、可靠性、多功能性等方面提出了更高的要求,如更优的励磁调节性能,更多和更灵活的控制、限制、报警等附加功能等。显然,常规模拟式励磁调节器难以满足如此高性能的要求。即使暂时满足了,也需要增加功能组件或重新设计系统,而大量的硬件电路不仅使得励磁调节器装置十分复杂,增加了维护工作量,而且显著地降低了励磁系统的可靠性。在这种情况下,随着数字控制技术、计算机技术及微电子技术的飞速发展和日益成熟,同步发电机采用数字式励磁系统已成为发展趋势和历史必然。

与模拟式励磁系统相比较,数字式励磁系统具有以下优点:

(1)由于计算机具有计算和逻辑判断功能,使得复杂的控制策略可以在励磁控制中得以实现。它除了可以实现模拟式励磁系统的 PID 调节外,还可实现模拟式励磁系统难以实现的模糊控制等复杂控制方式,从而丰富和增强了励磁控制功能,改善了发电机的运行工况。

(2)调节准确、精度高,在线改变参数方便。在数字式励磁系统中,信号处理、调节控制规律都由软件来完成,不仅简化了控制装置,而且信号处理和控制精度高。另外,电压给定、放大倍数、时间常数等控制参数都由数字设定,比由模拟元件构成的环节参数要准确得多,而且参数稳定性高,基本不存在因热效应、元件老化等带来的参数不稳定问题。同时在线调整、设定参数也比模拟式调节器方便得多,速度也可以很快,没有模拟式调节器中电位器调整带来的烦恼。

(3)利用计算机强有力的判断和逻辑运算能力及软件灵活性,可以在励磁控制中实现完备的限制及保护功能。它容易实现发电机恒无功运行和恒功率因数运行,能够精确选择正、负调差和调差率,同时具备最大励磁电流瞬时限制、定子电流限制、欠励瞬时限制、过励延时限制、电压/频率(V/F)限制以及各种保护功能。

(4)可靠性高,无故障工作时间长。由于采用双微机自动跟踪,两个通道互为热备用,可实现自动切换。还可以在正常运行情况下检修备用机,在软件中实现自诊断和自复归功能。由于调节控制规律由软件实现,减少了硬件电路,因调节器故障维修而带来的停机时间大大减少。

(5)通信方便。可以通过通信总线、串行接口或常规模拟量方式方便灵活地接入电厂的计算机监控系统,便于远方控制和实现发电机组的计算机综合协调控制。数字式励磁控制是电厂计算机综合控制系统不可缺少的组成部分。数字式励磁调节器可与上位计算机通信,通过上位计算机可直接改变机组给定电压值,非常简便地实现全厂机组的无功调节及母线电压的实时控制。

(6)便于产品更新换代。由于引入了微处理器,使得控制策略的改变和控制功能的增加基本不增加装置的复杂程度,通常只需要在软件上加以改进,硬件不需做很大的改动,因而便于产品升级换代。

正是上述这些优点,使数字式励磁系统从其诞生之日起就显示了广阔的发展前景。

8.3　水电站视频监控系统

随着社会不断进步、经济快速发展和技术突飞猛进,公共秩序安全、生产安全、财产安全等越来越受到人们的重视,从而使以视频信息为特征的视频监控更为广泛地被应用在各行业领域。早期视频监控只在金融银行、道路交通和大型连锁超市的安全监控中应用,后来发展到在管理和生产经营部门以及无人值守特定场合的应用。市场的强劲需求不断激励和催化视频监控技术的向前发展。从技术上,视频监控经历了从模拟到数字、从分散定点到网络监控、从简单录像显示到智能化预警、从有线到无线、从近距离操作到远程控制等具有深远意义的变化,相信未来随着标准化工作进程的加快,视频监控应用将不断普及,视频监控行业将迎来新的发展机遇。

8.3.1　视频监控系统的发展阶段

视频监控发展至今经历了模拟视频监控、半数字监控和数字监控三个阶段。

（1）模拟视频监控阶段。主要特点是视频信号来自模拟摄像机，传输采用同轴电缆，存储用模拟录像机，处理采用模拟控制主机（如模拟切换、矩阵主机等）。该阶段的视频监控系统称为闭路电视系统。

（2）半数字阶段。20 世纪 90 年代视频监控进入半数字阶段，其特点是视频信源和视频传输仍以模拟方式为主，信号到达监控中心后由数字控制主机或硬盘录像主机（DVR）进行数字处理与存储。该阶段的视频监控系统常称为数字硬盘录像系统。

（3）全数字阶段。全数字技术的支持、高度集成一体化的网络摄像机和数字摄像机的广泛使用，标志着视频信源采集、压缩编码、信号处理进入数字化。通过 Internet 对网络摄像机中的 IP 地址进行访问，实现了传输、控制、存储、显示等全数字化。对于视频监控，数字化存储带来的是一场革命性的变化。数字化是 21 世纪的时代特征，视频监控的数字化也是监控技术发展的必然趋势。全数字视频监控系统通过基于 TCP/IP 协议的以太网络，真正实现了图像的远距离监控，故称该阶段的视频监控系统为网络视频监控系统或远程视频监控系统。

由于目前新建的水电站视频监控系统大多采用全数字的网络视频监控系统，故在下面的论述中如未作特别说明，视频监控系统即为网络视频监控系统。

8.3.2　网络视频监控系统的组成

视频监控系统由前端视频采集部分、网络通信部分和监控中心部分组成。

前端视频采集部分包括摄像装置、视频编码器、报警输入/输出设备等。所有监控点信息都由前端视频采集设备进行图像采集。摄像装置是前端视频采集部分的核心，包括镜头、摄像机、防护罩及支撑设备等。根据被摄物体及摄像地点的不同，摄像装置的具体配置也各不相同。摄像装置可以固定，也可以采用云台控制，如水电站视频监控系统需要清晰的视频来观测水位及闸门等情况，则需要使用云台控制；当操作人员需要开启闸门时，可以通过云台控制调整观测角度，使用控制系统来控制闸门，并观测闸门的开合情况。为适合夜间监控的要求，可在监控点附近安装大功率的探照灯，系统可远程控制灯光电源开关，保证人员清楚地监控到夜间的情况。

网络通信部分由路由器、交换机、无线网桥、防火墙、通信线路等设备组成。通信线路可以采用多种方式，如双绞线、光纤、有线电缆、专线、帧中继、XDSL、无线局域网、卫星、微波、GPRS、CDMA 等。网络通信可采用标准的 TCP/IP 协议，可直接应用在局域网或者广域网上。具体的通道方式可根据现场的实际情况进行选择。

监控中心部分一般采用 Brower/Server（简称 B/S）结构，即由管理服务器（Server）和监视终端（Brower）组成。管理服务器由监控管理软件、服务器硬件、资源数据库等组成。监控管理软件能够实现完整的监控管理功能，是网络视频监控系统的核心。管理服务器主要完成现场图像接收，用户登录管理，优先权的分配，控制信号的协调，图像的实时监控，录像的存储、检索、回放、备份、恢复等功能。监视终端由监控工作站和电视墙等终端显示设备组成。监视终端可采用普通的 PC 机，通过客户端软件或标准浏览器访问监控管理服务器。一般采用用户登录的方式登录监控系统，根据管理的权限使用系统功能。对于中心监控室，通常会配置高性能的 PC 机作为监控工作站，并建立电视墙系统。在监视终端上还可实现多画面实时监控，远程控制摄像机云台，灯光控制，制订录像计划等操作。

8.3.3　网络视频监控系统的特点

网络视频监控系统同其他视频监控系统如闭路电视系统和数字硬盘录像系统相比较而言,它具有以下一些特点:

(1)网络视频监控系统不需要 PC 来处理模拟视频信号,而是把摄像机输出的模拟视频信号通过独立的嵌入式视频服务器直接转换成 IP 数字信号通过网络进行传输。

(2)网络视频服务器采用专用操作系统,工作稳定、安全可靠,并且外形小巧,非常便于在有限空间内安装。

(3)网络视频服务器具备视频处理、网络通信、自动控制等强大功能,不仅完全替代数字硬盘录像系统采用 PC 机加多媒体卡的方式,而且减少了故障点,大大提高了系统整体可靠性。

(4)网络视频监控系统是一种完全基于 IP 网络,采用 Browser/Server 结构设计的新一代综合视频监控系统,可方便地通过以太网接入水电站已存在信息网络系统中,除了可以满足现场实时监控的要求外,还能通过光纤、无线等通讯方式实现远程集中监控。

(5)网络视频监控系统具有模块化结构的特点,所有扩容监控点和监控设备均可在原有系统不作任何改动的前提下直接接入系统,大大降低了扩容成本和保护了已有投资。

8.3.4　视频监控系统的应用

视频监控系统在水电站中的应用主要包括以下几个方面。

1. 水库大坝管理

(1)通过视频监控系统可监测水库蓄水水位情况。

(2)操作人员在使用控制系统操作闸门时,可通过视频监控系统监视闸门和水流情况。

(3)在某些环境下,如水库的溢洪道等地方,大部分时间属于无人值守状态,需要设置监控摄像机实时监控。

(4)监测水库、坝区的周边环境。

2. 设备监控

对站区重要室内设备如水轮机室、水车室、GIS 室、母线廊道、发电机层、蝶阀层、技术供水室、电气层、开关室、尾水廊道等进行监控;对站区重要室外设备如主变压器、副厂房、避雷器群、断路器、接地刀闸等进行监控。监控应达到以下效果:清楚地监视场地内的人员活动情况、设备的具体运行状况和仪表盘上的读数。

3. 安全防范

保障水电站空间范围内的建筑和设备的安全,起到防盗、防火的作用。在围墙、大门等处通过摄像、微波、红外探头以防止非法闯入;在建筑物门窗安装报警探头如门磁、红外、玻璃破碎探测器等,并在重点部位安装摄像机进行 24 小时不间断视频监控,实现报警联动录像的作用。

由于各个水电站对视频监控系统要求的不同,以上只是简单地对视频监控系统所能应用的范围作一个简单的介绍。在实际应用中应根据水电站的实际情况,在满足运行管理要求的基础上进行监控应用范围的确定。

8.3.5　网络视频监控系统的设计与实现

视频监控系统的设计方案多种多样,以下举例说明视频监控系统的设计与实现。在介绍该例之前,首先需要了解一些关键技术。

1. MPEG-4 标准

MPEG 系列标准包括 MPEG-1、MPEG-2、MPEG-4 等,MPEG-4 标准利用很窄的带宽,通过帧重建技术压缩和传输数据,以求用最少的数据获得最佳的图像质量。与 MPEG-1 和 MPEG-2 标准相比,MPEG-4 除了传统的编码功能之外,还加入了更多引人注目的功能,包括基于对象的压缩编码方法、空域和时域的存取性和可扩展性以及很好的纠错能力等。MPEG-4 标准不仅可以提供一个具有更高压缩效率的新多媒体信息传输标准,同时也可以达到更好的多媒体互动性以及全方位的存取性。MPEG-4 编码系统是开放的,可随时加入新的编码算法模块,它能支持多种多媒体应用,可根据不同的应用需求,现场配置解码器。由于 MPEG-4 采用了基于对象的压缩编码方法,它把图像和视频分割成不同的对象分别处理,除了能提高数据压缩,还能实现基于内容的交互功能。MPEG-4 能有效地处理基于对象的多媒体压缩、存取与交互,因此被广泛地应用到发电厂及电力系统的远程监控、可视电话和远程教学等领域。

2. IP 组播技术

在了解组播技术之前,需要首先了解 IP 通信中另外两个技术,即 IP 单播和 IP 广播。采用 IP 单播方式进行通信,发送信息的源主机必须向每个希望接收此数据包的 IP 主机发送一份单独的数据包拷贝,这种巨大的冗余会给发送数据的源主机带来沉重的负担,因为它必须对每个 IP 主机的要求都做出响应,这使得主机的负担过于沉重,响应时间会大大延长。而采用 IP 广播方式进行通信,则源主机向一个网段中的所有 IP 主机发送 IP 信息包,该网段中的所有 IP 主机都接收该信息包。IP 广播的主要缺点就是每个广播都要发送数据至一个网段中的所有机器,消耗了该网段中所有 IP 主机的资源,而且数据要被该网段中大多数 IP 主机所丢弃,由于大多数 IP 主机不希望接收此数据包。在实时的监控系统中,由于视频数据量很大,采用 IP 单播方式和 IP 广播方式都是不可取的,前者会耗尽源主机的资源,而后者会耗费多数 IP 主机的资源。为了解决这个问题,IP 组播技术应运而生。IP 组播通信介于 IP 单播和 IP 广播通信之间,它能使源主机发送 IP 信息包到 IP 网络中任何一组特定的主机上。IP 组播是指一个 IP 报文向一个"主机组"的传送,这个包含零个或多个主机的主机组由一个单独的 D 类 IP 地址标识,在 IP 地址的"小数点"表示法中,组播地址范围是从 224.0.0.0 到 239.255.255.255,除了目的地址部分,组播报文与普通报文没有区别,网络尽力传送组播报文但是并不保证一定送达。主机组的成员可以动态变化,主机有权选择加入或者退出某个主机组,主机可以加入多个主机组,也可以向自己没有加入的主机组发送数据。采用 IP 组播方式进行通信,源主机只需发送数据的一个拷贝,多个接收者则都可以接收到,网络在每个接收者的最后一个路由器或主机复制它,在一个给定的网络上每一个包只传送一次。这样就大大节约了数据传送所需要耗费的资源。

3. 多线程通信与同步技术

众所周知,Windows 是多任务处理系统,线程的应用大大减少了程序运行的开销,线程间存在一定逻辑关系,要访问相同资源就需要实现多线程间的通信与同步,如果两个以上线程同时访问同一缓冲区,就可能产生读写数据错误的问题,所以必须通过一定的机制来达到线程处理中的读写同步。Windows 提供了灵活的线程通信与同步方案,包括利用全局变量、用户自定义消息、事件对象和临界区等。为了提高系统运行效率,使得各个功能模块之间能够并行工作,在视频监控系统的软件设计中大多采用了多线程编程方式,其中服务器端软件主要包含主线程、数据采集、压缩、传输、报警及云台控制等多个线程,客户端软件主要包括主线程、接收、解压缩以及控制命令发送等多个线程。

　　了解了以上几个关键技术后,我们就可以来看一个基于 B/S 构架模型的网络视频监控系统的例子了。该例是某水电站采用的网络视频监控系统,它同样由前端视频采集部分、网络通信部分和监控中心部分组成,前端视频采集部分由摄像装置、音频装置、报警装置、控制信号输出装置以及 XviD 编解码器等组成,完成图像采集、音频采集和播放、出错报警和控制等功能。网络通信部分由交换机(Switch Hub)、IP 网络以及数字矩阵等组成,完成数据传输、交换和模数信号衔接等功能。监控中心部分由监控中心服务器(由多台视频服务器和磁盘阵列组成)、视频工作站以及电视墙等组成,其中监控中心服务器为服务器(Server)端,视频工作站为客户(Brower)端,形成 B/S 构架模型,服务器端对前端视频采集部分提供的数据进行处理,如数据压缩、数据传输、图像报警检测、视频存储等。同时,客户端有选择性地加入 IP 组播主机组,并经过身份验证,可以访问中央监控服务器,查询监控视频资源,系统中的客户端可以随时加入或退出网络,整个系统的规模可以动态改变,具有很强的适应性。为了能够加强客户端的图像显示功能,还引入了电视墙。其结构如图 8-2 所示。

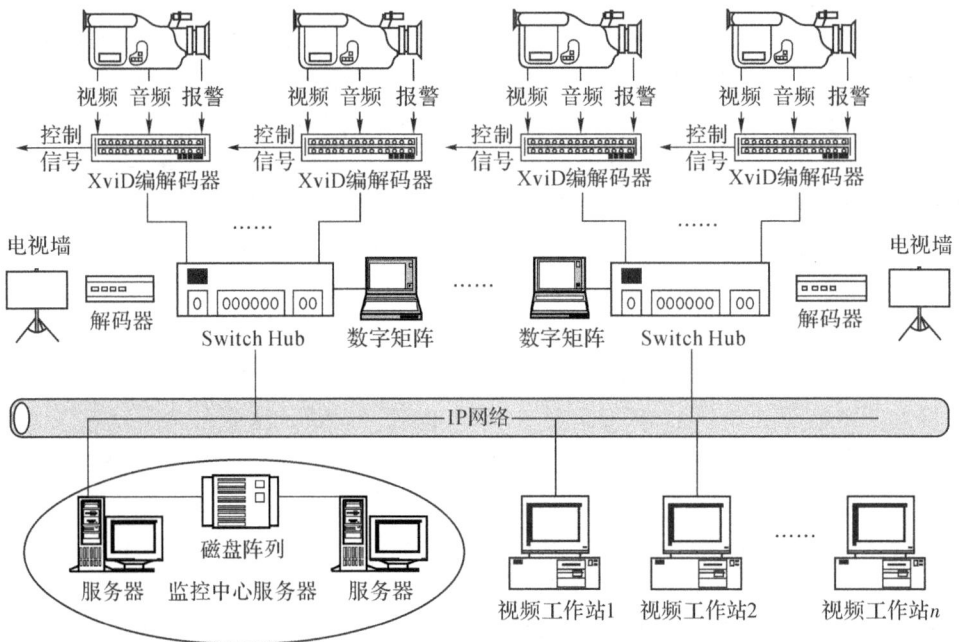

图 8-2　某水电站网络视频监控系统结构

　　在 MPEG-4 标准方面,为了既能满足性能要求又能降低成本,该系统采用纯软件编解码和 MPEG-4 压缩技术。该系统采用 XviD 编解码器。目前,XviD 是 PC 机 MPEG-4 编码内核中可选模式最多的视频编解码器。XviD 不仅提供了标准的 MPEG 量化方式,还特别提供了更适合低码流压缩的 h.263 量化方式,并且 XviD 还可以在双重(2-pass)运算时,根据对画面信息的综合分析,动态地决定某段场景的画面量化方式。XviD 的主要特点还包括运动侦测和曲线平衡分配、动态关键帧距、心理视觉亮度修正、B 帧技术等,这些技术在此不作一一论述。

在 IP 组播方面,服务器将视频数据按组播地址发送出去,并且可以同时进行视频存储,以便以后查询,客户端有选择性地加入一个或多个组播组,接收视频数据并播放出来,以达到远程监控的目的。服务器端首先将实时采集到的数据存放在缓冲区中,当缓冲区满时,立即启动与之对应的发送线程,将数据发送到相应的组播地址,然后清空缓冲区,等待接收下一批数据。路由器通过 Internet 的组管理协议 IGMP 来管理组中的成员,在 IGMP2.0 中增加了对成员离开的及时响应功能,当组中没有成员时,可以及时停止该组的组播,减小了网络负担。与此同时,当客户端加入某个组时,也同时创建一个连接字符串,该字符串连接相应的监听字符串来保持联系,当组中的成员数量不为 0 时,继续发送,若为 0,则停止发送线程,以提高系统的效率。

在多线程通信与同步技术方面,该系统同时利用 Microsoft Foundation Class(即 MS-Visual C++的类库,简称 MFC)中的 Event 对象和一些全局变量来实现线程间的通信,利用 MFC 中的信号量(Semaphore)来保证线程间的同步,并且根据各个线程占用 CPU 的时间来设置线程优先级,较好地解决了线程间通信、同步及通信效率问题。

8.4　水电站微机调速系统

水电站中实现调频功能的关键设备是水轮机调速器,它是水电站的重要控制设备,可实现对水轮发电机组的转速和有功功率等参数的自动调节。当前在我国,水轮机调速器行业的技术水平迅速提高,调速器产品日渐更新,以单片机、PLC 等控制核心的微机调速器在水电站中得到广泛应用。尤其是水电站实行计算机监控后,更加快了微机调速器的应用与发展。

在我国水轮机调速器的历史上,经历了机械液压调速器、电液调速器、微机调速器三个发展时期。20 世纪 50 年代先后仿制生产了 T 型、CT-40 型机调和电子管式电调;60 年代设计制造 XT 小型、TT 特小型机调,并在 80 年代将 XT 型改进为 YT 型,从而成为我国机调的代表性产品。70 年代初,研制晶体管式电调,并从分离式电子元件发展到集成电路式电调。80 年代初,研制了以微处理器为核心的微机调速器,并开始研制适应变参数、并联 PID 的微机调节器,其调速产品如 WT-S 双微机调速器(Z-80 单板机)、SJ-700 系列微机调速器等。90 年代以来,可编程控制器(PLC)、可编程计算机控制器(PCC)技术在水轮机调速器中得到应用,目前,PLC 型调速器已成为我国微机调速器的主导产品。此外,还研制 STD 总线结构和多微机的水轮机调速器,并开展自适式控制、预测控制、神经网络控制在水轮机调节系统中的应用研究。目前我国每年生产水轮机调速器近 1000 台,其中约 150 台为大型微机调速器,而多数为中小型微机调速器,小型调速器产品之中机调也占相当大的比重。

总之,微机调速器以其功能、性能、可靠性等优越性,已成为发展的主流产品,这是我国水轮机调速器发展的总趋势。

8.4.1 微机调速器的硬件系统

微机调速器的一个显著特点是功能齐全而硬件设备投资少。这是因为微机调速器绝大部分功能是由计算机软件来实现的,不是由硬件来完成的,硬件只是为软件功能的实现提供了环境基础。由于计算机本身具有数字计算和逻辑判断能力,致使可以在微机调速器里开发模拟调速器无法实现的功能,并使现代控制理论在微机调速器中的应用成为可能。

由于微机调速器的型号很多,下面我们主要选择 3 种典型的微机调速器进行介绍。

1. WT、WST 系列大型可编程微机调速器

WT(单调)、WST(双调)系列大型可编程微机调速器(以下简称 WT 微调)是为大中型电站设计和制造的新一代调速器。WT 系列调速器中包括 WT-80、WT-100、WT-150 三种型号,WST 系列调速器中包括 WST-80、WST-100、WST-150 三型号。该系列调速器工作压力分为 2.5MPa、4.0MPa、6.3MPa 三种。各项动态和静态吕质优异,所有性能指标均达到或超过国家标准 GB9652-97 中的要求。它能使水轮机发电机组在各种工况下稳定运行。

(1)WT 微调的电气控制部分的主要配置及特点

WT 微调采用德国西门子(SIEMENS)公司的可编程控制器,运用 PLC 直接数字测频技术,大大提高了调速器的可靠性。人机界面采用台湾 Easyview 触摸屏,通过它方便地观察机组的各种运行工况,设置参数和操作调速器。电/机转换装置采用无油步进式——位移转换器,该转换器由日本 RORZE 公司的进电机和驱动器、滚珠丝杆以及自动复中装置构成,具有结构简单、工作可靠、无油耗、驱动力大、复中精度高、无零位漂移、对油质无要求等众多优点,彻底改变了以往电液调速器的电液转换器容易卡阻的缺点。

(2)WT 微调的主要功能

①可实现机组的自动和手动开、停机、并网运行,调节机组负荷、事故紧急停机等。

②并网前机组自动跟踪电网频率,能使机组频率迅速达到同期要求。若网频故障则自动切换到按频率给定开机。

③机械手动运行时,微机调速器输出自动跟踪导叶开度,可随时无扰动地切换至自动状态。自动运行状态也可随时无扰动地切换至手动状态。

④桨叶控制采用数字协联,协联精度高(适用于 WST 系列)。

⑤设有上位机通迅接口(Modbus RTU 协议),以实现全厂的计算机监控管理,可满足电站无人或少人值守。

⑥具有在线故障自诊功能,对频率测量、开度测量等故障具有智能容错功能。

⑦采用交直流供电,在厂用交流电消失时,能保持机组运行工况并发出报警信号。

(3)WT 微调的主要技术指标及主要调节参数范围

本调速器的生产验收是依据国家标准《GB9652.2-1997 水轮机调速器油压装置技术条件》。其主要技术指标及主要调节参数范围达到或优于国家标准的要求。

1)WT 微调的主要技术指标

①调速器转速死区 i_x $\leqslant 0.04\%$

②静特性曲线非线性度 ε $< 5\%$

③甩 25%负荷接力器不动时间 T_q $\leqslant 0.2$ s

④甩 100%负荷,过渡过程过 3%额定转速的波峰 $N < 2$,调节时间%< 40 s。

2）WT 微调的主要调节参数范围

①比例系数 K_P　　　　　　　　　　　　　　0～20

②积分系数 K_I　　　　　　　　　　　　　　0～10(1～S)

③微分系数 K_D　　　　　　　　　　　　　　0～5(S)

④永态转差系数 bp　　　　　　　　　　　　0～10％

⑤频率人工死区 Δf　　　　　　　　　　　0～±4％

⑥频率给定范围 F_G　　　　　　　　　　　　50±5 Hz

⑦功率给定范围 P_G　　　　　　　　　　　　0～100％

⑧电源：DC220 V、110 V、48 V 任选　　　　≤1000 W

　　　　AC220 V±10％单相　　　　　　　　≤1000 W

（4）WT 微调的柜体结构及布置

WT 微调的电气柜和机械柜可分开布置,也可把电气柜和机械柜合为一体组成整体式调速柜。可编程控制器、触摸屏等电气部件置于与机械部件相隔离的柜体上部,机械液压液随动系统安装于柜体的下部,调整维护和检测都十分方便。

2. YWT 系列中型步进式可编程微机调速器

YWT 系列中型步进式可编程微机调速器(以下简称 YWT 中型微调)是为中小型电站设计和制造的带油压装置的新一代调速器,该系列调速器中包括接力容量为 18000 N.M、30000 N.M、38000 N.M、50000 N.M 四种操作功的调速器型号。工作压力 2.5 MPa 或 4.0 MPa。各项动态和静态品质优异,所有性能指标均达到或超过国家标准《GB/T9652.11997 水轮机调速器与油压装置技术条件》中的要求。它能使水轮机发电机组在各种工况下稳定运行。

（1）YWT 中型微调的电气控制部分主要配置及特点

WT 中型微调采用德国西门子(SIEMENS)公司的可编程控制器,运用 PLC 直接数字测频技术,大大提高了调速器的可靠性。人机界面采用台湾 Easyview 触摸屏,通过它便于观察机组的各种运行工况,设置参数和操作调速器。电/机转换装置采用日本 RORZE 公司的步进电机和驱动器,结构简单,工作可靠,耗油量小,对油的要求低,彻底改变了以往电液调速器的电液转换器容易卡阻的缺点。

（2）YWT 中型微调的主要功能

①可实现机组的自动和手动开、停机、并网运行,调节机组负荷、事故紧急停机等。

②并网前机组自动跟踪电网频率,能使机组频率迅速达到同期要求。若网频故障则自动切换到按频率给定开机。

③机械手动运行时,微机调速器输出自动跟踪导叶开度,可随时无扰动地切换至自动状态。自动运行状态也可随时无扰动地切换至手动状态。

④桨叶控制采用数字协联,协联精度高(适用二 WST 系列)。

⑤设有上位机通迅接口(Modbus RTU 协议),以实现全厂的计算机监控管理,可满足电站无人或少人值守。

⑥具有在线故障自诊功能,对频率测量、开度测量等故障具有智能容错功能。

⑦采用交直流供电,在厂用交流电消失时,能保持机组动行工况并发出报警信号。

(3)YWT 中型微调的主要技术指标及主要调节参数范围

本调速器的生产验收是依据国家标准《GB9652.2-1997 水轮机调速器油压装置技术条件》。其主要技术指标主要调节参数范围达到或优于国家标准的要求。

1)YWT 中型微调的主要技术指标

①调速器转速死区 i_x ≤0.04%

②静特性曲线非线性度 ε <5%

③甩 25%负荷接力器不动时间 T_x ≤0.2 s

④甩 100%负荷,过渡过程超过 3%额定转速的波峰数 $N<2$,调节时间%<40 s。

2)YWT 中型微调的主要调节参数范围

①比例系数 K_P 0~20

②积分系数 K_I 0~10(1~S)

③微分系数 K_D 0~5(S)

④永态转差系数 bp 0~10%

⑤频率人工死区 Δf 0~±4%

⑥频率给定范围 F_G 50±5 Hz

⑦功率给定范围 P_G 0~100%

⑧电源:DC220 V、110 V、48 V 任选   ≤1000 W

           AC220 V±10%单相   ≤1000 W

(4)YWT 中型微调的柜体结构及布置

YWT 中型微调由气柜、机械液压控制部件与油压装置组成整体式调速柜。可编程控制器、触摸屏等电气部件置于与机械部件相隔离的电气柜中,调整维护和检修测量都十分方便。接力器与回油箱连成一体,通过调速轴与导水机构连接。

3. YWT 系列小型步进式可编程微机调速器

YWT 系列小型步进式可编程微机调速器(以下简称 YWT 小型微调)是为中小型电站设计和制造的带油压装置的新一代调速器,该系列调速器中包括接力容量为 3000 N.M、6000 N.M、10000 N.M、15000 N.M 四种操作功的调速器型号。工作压力 2.5 MPa 或 4.0 MPa。各项动态和静态品质优异,所有性能指标均达到或超过国家标准 GB9652-977 中的要求。它能使水轮机发电机组在各种工况下稳定运行。

(1)YWT 小型微调的电气控制部分主要配置及特点

YWT 小型微调采用德国西门子(SIEMENS)公司的可编程控制器,运用 PLC 直接数字测频技术,大大提高了调速器的可靠性。人机界面采用台湾 Easyview 触摸屏,通过它便于观察机组的各种运行工况,设置参数和操作调速器。电机转换装置采用日本 RORZE 公司的步进电机和驱动器,结构简单,工作可靠,耗油量小,对油的要求低,彻底改变了以往电液调速器的电液转换器容易卡阻的缺点。

(2)YWT 小型微调的主要功能

①可实现机组的自动和手动开、停机、并网运行,调节机组负荷、事故紧急停机等。

②并网前机组自动跟踪电网频率,能使机组频率迅速达到同期要求。若网频故障则自动切换到按频率给定开机。

③机械手动运行时,微机调速器输出自动跟踪导叶开度,可随时无扰动地切换至自动状

态。自动运行状态也可随时无扰动地切换至手动状态。

　　④设有上位机通讯接口(Modbus RTU 协议),以实现全厂的计算机监控管理,可满足电站无人或少人值守。

　　⑤具有在线故障自诊功能,对频率测量、开度测量等故障具有智能容错功能。

　　⑥采用交直流供电,在厂用交流电消失时,能保持机组动行工况并发出报警信号。

　　⑦油压装置具有自动补气功能。

　　(3)YWT 小型微调的主要技术指标及主要调节参数范围

　　本调速器的生产验收是依据国家标准《GB9652.2-1997 水轮机调速器油压装置技术条件》。其主要技术指标达到或优于国家标准的要求。

　　1)YWT 小型微调的主要技术指标

①调速器转速死区 i_x	$\leqslant 0.08\%$
②静特性曲线非线性度 ε	$<5\%$
③甩 25% 负荷接力器不动时间 T_q	$\leqslant 0.2$ s

　　④甩 100% 负荷,过渡过程超过 3% 额定转速的波峰数 $N<2$,调节时间%<40 s。

　　2)YWT 小型微调的主要调节参数范围

①比例系数 K_P	$0\sim20$
②积分系数 K_I	$0\sim10(1\sim S)$
③微分系数 K_D	$0\sim5(S)$
④永态转差系数 b_ρ	$0\sim10\%$
⑤频率人工死区 Δf	$0\sim\pm1\%$
⑥频率给定范围 F_G	50 ± 5 Hz
⑦功率给定范围 P_G	$0\sim100\%$
⑧电源:DC220 V、110 V、48 V 任选	$\leqslant500$ W
AC220 V$\pm10\%$单相	$\leqslant500$ W

　　(4)YWT 小型微调的柜体结构及布置

　　YWT 小型微调由气柜、机械液压控制部件与油压装置组成整体式调速柜。可编程控制器、触摸屏等电气部件置于与机械部件相隔离的电气柜中,调整维护和检修测量都十分方便。接力器与回油箱连成一体,通过调速轴与导水机构连接。

8.4.2　微机调速器的软件系统

　　微机调速器的软件是微机调速器的核心。现以南京南瑞集团公司制造的 SAFR-2000 型微机调速器为例说明微机调速器的软件构成。该微机调速器的全部软件是按功能模块化编制的,各功能模块具有相对独立性和完整性,相互之间可进行信息交换,整个软件可按功能模块进行装配。软件基本结构如图 8-3 所示。它分为实时运行控制软件系统和智能化调试维护软件系统两大部分。

1. 实时运行控制软件系统

　　实时运行控制软件系统使调速器具有全部的调节和控制功能,它包括实时控制中断程序、实时空载运行调节程序、实时运行发电调节程序和停机控制程序。从控制方式上可分为两种情况,即中央控制室常规控制方式或中央控制室上位机控制方式,在中央控制室常规控

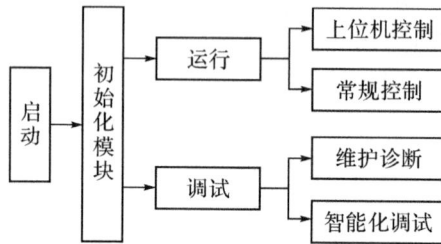

图 8-3　软件基本结构

制方式运行时,装置的全部操作均与常规电液调速器的操作相同,无需操作任何键盘按钮,操作简单直观,易于运行人员掌握,同时在装置实际运行过程中,液晶显示面板能实时反映大量运行状态、工况等信息,便于运行人员及时掌握装置的运行情况。在中控室上位机控制方式运行时,装置与上位机进行信息交换,按照上位机发出的指令进行调节和控制,并进行厂内经济运行。

2. 智能化调试维护软件系统

智能化调试维护软件系统使调速器在调试工作状态下,能帮助指导调试人员简便、顺利地完成装置安装调试以及调速系统的全部试验工作。在调试时,需使用个人计算机作为调试工具。智能化调试软件大大简化了调速系统试验的过程,调试人员能通过个人计算机方便地设定和修改各种参数及协联关系曲线,所有的试验过程都将显示在显示器屏幕上,时刻提醒调试人员以免遗漏试验项目,静态试验和动态试验的结果都可以在打印机上以数据曲线的形式打印出来。这样就减少了调试人员的工作量,减少了劳动强度,提高了工作效率,缩短了试验时间。在试验中无特殊的测试要求,无需外接其他的试验仪器。

思 考 题

1. 视频监控发展至今经历了哪几个阶段?并说明各个阶段的特点。

2. 网络视频监控系统由哪几个部分组成?请举出属于各个部分的三种设备。

3. 网络视频监控系统同其他视频监控系统如闭路电视系统和数字硬盘录像系统相比较而言,它具有哪些特点?

4. 视频监控系统在水电站中的应用主要包括哪些方面?

5. 请举例说明网络视频监控系统的几个关键技术。

6. 简述发电机励磁系统的现状与发展趋势。

7. 一般的微机励磁系统由哪几个部分组成,请简述它们的作用。

8. 举出三个以上在中小型水电站中应用较有代表性的微机调速器,并进行简要的说明。

9. SAFR-2000 型微机调速器的软件有哪几个方面组成?

10. 微机调速器的技术性能包含哪些方面,请详细说明。

第三部分　工程技术

项目一 水电站计算机控制系统的安装与调试

◆ **学习目标**

通过本项目的学习与训练能够让学生：

1. 了解水电站计算机监控系统的安装步骤和注意事项
2. 了解水电站计算机监控系统的安装、调试的基本环境和要求等
3. 了解水电站计算机监控系统试验和验收的基本项目及试验方法
4. 会对水电站计算机监控系统进行各个项目的调试及验收

任务 1 水电站计算机监控系统的安装

一、任务目标

本任务的目标是让学生了解水电站计算机监控系统安装配置方案；通过案例分析，重点掌握安装的步骤。

二、相关知识

1. 水电站计算机监控上位机系统的安装配置要求

一般上位机系统的安装配置要求商家提供 2 套及以上的方案让用户选择。以 SD200 水电站计算机监控系统为例，在某水电站的安装配置实施过程中，提供了两套配置方案，表 9-1 为典型配置方案一，表 9-2 为典型配置方案二，用户可以在选定其中某个方案后，通过增减和调整设备的方式，完善为最终配置方案。

表 9-1　SD200 的典型配置方案一

序号	名　　称	型号规格	单位	数量
1	主机/兼操作员工作站	美国工控机 ICS C4000 主控/操作员计算机:工业级微机 PE2000IUM IV CPU　主频:2.8GHz 内存:512MB　RD RAM 硬盘容量:80GB 软驱:1.44MB　　　　　光驱:50×CD 标准键盘及鼠标　　2 串口/1 并口 10M/100M 以太网网卡 Base-TX 21″高密度彩色监视器 1280×1024×256	套	2
2	通信服务器	美国 DELL DIMENSION4550 PE2000IUM IV CPU　主频:2.6GHz 内存:256MB　RD RAM　硬盘容量:60GB 软驱:1.44MB　　　　　光驱:50×CD 标准键盘及鼠标　　8 串口/1 并口 10M/100M 以太网网卡 Base-TX 17″高密度彩色监视器 1280×1024×256	套	1
3	激光打印机(A3)	美国 HP 5000LE A3	台	1
4	GPS 系统	金鑫 TD-200	台	1
5	语音报警系统	台湾天翔	套	1
6	供电电源装置	主控级 APC 电源装置 2KVA/1H	套	1
7	操作员控制台	780mm×4600mm×1300mm	套	1
8	机组 LCU	● 基本设备:机柜、机箱、抗干扰器、I/O 电源等 　2 面 ● PLC 监控模件 GE90-30 ● Easyview 10′彩色触摸屏 ● PSX600 通信服务器 ● SDD200 微机电量采集装置 ● SDZ200 微机综合采集装置 ● SDW200 微机温度巡检装置 ● SDQ200 微机自动准同期装置 ● 交直流双供电装置	套	2-N
9	公用/开关站 LCU	● 基本设备:机柜、机箱、抗干扰器、I/O 电源等 　2 面 ● PLC 监控模件 GE90-30 ● Easyview 10′彩色触摸屏 ● PSX600 通信服务器 ● SDD200 微机电量采集装置 ● SDZ200 微机综合采集装置 ● SDQ200 微机自动准同期装置 ● 交直流双供电装置	套	1

续表

序号	名　称	型号规格	单位	数量
10	网络设备	● 网络交换机 3COM ● 网络双绞线电缆 ● 转换器 ● 光纤(300 m)、尾线 ● 网络工具	套	1
11	SD200 软件系统	系统软件 Windows 2000/ WIN NT 支持软件 C++、OFFICE2000、数据库软件 应用软件 NR-1001 调度软件 NR-1001 等	套	1
12	备品备件	PLC 模块、插件、按钮、端子及专用工具等	套	1

表 9-2　SD200 典型配置方案二

序号	名　称	型号规格	单位	数量
1	主计算机系统	SUN 系列 BLADE2500 工作站 CPU 字长：64位。主频：1.28GHz。内存：1024MB。硬盘容量：73GB。软盘驱动器：3.5″标准配置。光盘驱动器：可读写光驱 32×/10×/4×CD。操作系统：符合开放系统标准的实时多任务多用户操作系统。TCP/IP：双 10/100MB 以太网。显示器：TFT 型,21″分辨率为 1280×1024,2串口/1 并口	套	2
2	工程师工作站	SUN 系列 BLADE2500 工作站 CPU 字长：64位。主频：1.28GHz。内存：1024MB。硬盘容量：7360GB。软盘驱动器：3.5″标准配置。光盘驱动器：可读写光驱 32×/10×/4×CD。操作系统：符合开放系统标准的实时多任务多用户操作系统。TCP/IP：双 10/100MB 以太网。显示器：TFT 型,17″分辨率为 1280×1024,2串口/1 并口	套	1
3	对外通信服务器	采用工控机,CPU 配置主频 2.8GHz,配 15 寸分辨率为 1024×768 的彩色液晶显示屏,硬盘容量 80GB,内存 1024MB,附软驱、光驱、网卡、8 串口/1 并口、Modem、键盘及鼠标等	套	1
4	厂长终端	美国 DELL DIMENSION CPU 配置主频 2.8GHz,配 17 寸分辨率为 1024×768 的彩色液晶显示屏,硬盘容量 80GB,内存 256MB,附软驱、光驱、10M/100M 以太网网卡、2 串口/1 并口、键盘及鼠标等	套	1
5	激光打印机(A3)	美国 HP 5000LE A3	台	2
6	GPS 系统	金鑫 TD-200	台	1
7	语音报警系统	台湾天翔	套	1

续表

序号	名　称	型号规格	单位	数量
8	供电电源装置	主控级 APC 电源装置 2 kVA/1H	套	1
9	操作员控制台	780mm×4600mm×1300mm	套	1
10	机组 LCU	● 基本设备:机柜、机箱、抗干扰器、I/O 电源等 2 面 ● PLC 监控模件　施耐德 Quantum 系列 ● 12.1″彩色触摸屏 ● SDD200 微机电量采集装置 ● SDW200 微机温度巡检装置 ● SDQ200 微机自动准同期装置 ● 交直流双供电装置	套	2-N
11	公用/开关站 LCU	● 基本设备:机柜、机箱、抗干扰器、I/O 电源等 2 面 ● PLC 监控模件　施耐德 Quantum 系列 ● 12.1″彩色触摸屏 ● SDD200 微机电量采集装置 ● SDQ200 微机自动准同期装置 ● SDN200 手动同期装置(16 路) ● 交直流双供电装置	套	1
12	网络设备	● 网络交换机 3COM ● 网络双绞线电缆 ● 转换器 ● 光纤(300 m)、尾线、光纤盒、耦合器 ● 网络工具	套	1
13	SD200 软件系统	系统软件 UNIX 支持软件 C++、数据库软件 Oracle 应用软件 NR-1001 调度软件 NR-1001 等	套	1
14	备品备件	PLC 模块、插件、按钮、端子及专用工具等	套	1

三、技能训练

本次技能训练采用 NJK-2001 监控系统的上位机系统安装盘,让学生在"发电厂仿真实训中心"进行反复安装训练,也可以课外在个人计算机上安装训练。

1. 安装步骤

(1)将 NJK-2001 监控系统光盘置于工控机光驱。

(2)鼠标双击我的电脑,并继续双击打开光驱 E,打开刻录盘文件。

(3)选中并复制 njk3000 文件夹。

(4)打开 D 盘,粘贴已复制文件。

(5)继续打开 njk3000 文件夹里的 Bin 子文件,在该文件夹里鼠标左键单击选中 DcommServ. exe,且按下鼠标左键不放。

(6)鼠标拖动该文件到开始菜单程序里的启动栏内。

(7)同步骤(5)、(6),将 Alarm. exe 文件置入启动栏内。

(8)选中 njk3000 文件夹里 NJK3000 计算机监控系统,鼠标右击该文件并发送到桌面。

2. 备份盘安装

(1)F 盘存有 njk3000 备份文件,复制 njk3000 文件。

(2)其他操作同安装步骤(4)~(8)。

四、问题讨论

(1)上位机系统安装时的步骤中哪些是重点步骤?安装实践后你有哪些心得?

(2)其他应用软件的安装如数据库系统、语音报警系统、GPS 系统的安装有哪些步骤?请通过网络查询并写到实训报告中。

任务 2 水电站计算机监控系统的试验与验收

一、任务目标

了解监控系统试验和验收的分类及基本方法;掌握各个检验项目的具体内容和方法;学会水电站计算机监控系统上位机调试、现地控制单元 I/O 点调试、LCU 各子系统联调和动态调试的基本方法。

二、相关知识

1. 监控系统的试验和验收分类

水电站计算机监控系统的试验和验收可分为型式试验、工厂试验和检验、出厂验收、现场试验和验收以及现场使用过程的检查试验。

(1)型式试验

试验中若有任何一项不符合受检产品技术条件规定者,必须消除其不合格原因。有下列情况之一时应进行型式试验:

①产品定型(设计定型、生产定型)时。

②正式生产后,如结构、材料、工艺有重大改变,可能影响产品性能时(可只做相应部件)。

③质量监督机构提出要求时。

(2)工厂试验和检验

工厂试验和检验的内容包括:

①与产品配套的器件应按有关规定进行质量控制。

②产品在生产过程中必须进行全面的检查、试验,并应有详细、完整的记录。

③产品在出厂前必须通过制造单位质量检验部门负责进行的检验,检验中若有任何一项不符合受检产品技术条件规定者,必须消除其不合格原因,检验合格后由质量检验部门签发合格证。

(3)出厂验收

若受检产品技术条件规定产品出厂前需要进行出厂验收,则制造单位在完成工厂试验和检验后,应在受检产品技术条件规定的日期提前通知用户。出厂验收由制造单位和用户共同负责承担。

制造单位的责任包括:

①向用户汇报系统配置、工厂试验和检验结果。

②起草出厂验收大纲(草稿)。

③提供验收所需的仪器设备及有关文件和资料。

④负责进行验收大纲中规定的各项试验。

用户的责任包括:

①对出厂验收大纲(草稿)进行讨论、审查、修改,最后确定出厂验收大纲。

②对出厂验收试验进行监督、审查。

出厂验收合格后,双方应签署出厂验收纪要,对出厂验收的结果作出评价。如果产品还存在不满足受检产品技术条件的缺陷时,应在出厂验收纪要中提出处理要求及完成期限,由制造单位负责处理。

(4)现场试验和验收

现场试验和验收是在产品到现场后,由用户和制造单位共同负责进行的安装投运的试验和验收。现场试验和验收过程中双方的责任如下。

制造单位的责任:

①起草现场试验和验收大纲。

②负责产品在现场的有关检查和投运试验。

③提交现场投运试验报告。

用户的责任:

①对现场试验和验收大纲(草稿)进行讨论、修改,并补充涉及现场设备及安全等有关的内容。

②配合现场投运试验,负责完成可能危及现场主、辅设备及人身安全的安全措施。

③组织、监督现场投运工作的进行。

通过现场投运试验,如果产品还存在不满足受检产品技术条件的缺陷时,应在阶段性现场验收纪要中提出处理要求及处理期限,由制造单位负责处理。

现场试验和验收如果是分阶段进行的,则每阶段试验、验收合格后,双方应签署阶段性现场验收纪要。现场试验和验收全部结束后,双方应签署最终的现场验收文件。

投运设备的保修期,从签署有关该设备现场验收纪要或文件之日算起。

(5)检查试验

现场使用过程中的检验试验是指已投入运行的监控系统在下列情况下进行的检查试验:

①在定期巡视、检查的基础上,根据需要进行的检查试验。

②设备或系统故障修复后的检查试验。

③设备或系统的程序(如控制流程、画面、表格等)修改后的检查试验。

④为确保其安全可靠运行而进行的定期检查试验。

机组现地控制单元在上述四种情况下都要进行检查试验,其中定期检查试验一般是跟随机组的检修进行的。

　　电站主控层系统设备与公用设备、开关站、坝区等现地控制单元,由于涉及面广,一般不易退出运行,只有在型式试验、工厂试验和检验、出厂验收三种情况下才进行检查试验。

2. 基本项目及试验方法

　　1995 年电力工业部批准"水电厂计算机监控系统基本技术条件"为推荐性行业标准,其标号为 DL/T578—1995,从此各设计单位、研制单位及用户选择设备都有了遵循的依据,对进一步推动水电站计算机应用起到了积极作用。为了进一步明确研制单位如何按照标准及用户要求来检验生产的产品,用户又按怎样的试验方法来验收监控系统产品,1997 年中电联标准化部委托国家电力公司电力自动化研究院自控所编写了 DL/T822—2002《水电厂计算机监控系统试验验收规程》。在《水电厂计算机监控系统试验验收规程》中规定了对水电站计算机监控系统设备进行试验、验收的基本项目及试验方法,该规程适用于大、中型水电站计算机监控系统设备的制造过程、现场安装投运等各阶段的试验和验收,梯级水电站和小型水电站计算机监控系统亦应参照使用。该规程中规定的基本项目及试验方法有:

　　(1)产品外观、软硬件配置及技术文件检查。

　　(2)现场开箱、安装、接线检查。

　　(3)绝缘电阻试验。

　　(4)介电强度试验。

　　(5)功能与性能测试。

　　(6)电源适应能力测试。

　　(7)抗干扰试验。

　　(8)环境试验。

　　(9)可利用率考核。

　　(10)试验、验收规则。

其中功能与性能测试包括以下几个方面的内容:

　　①模拟量数据采集与处理功能测试。

　　②数字量数据采集与处理功能测试。

　　③计算量数据采集与处理功能测试。

　　④数据输出通道测试。

　　⑤其他数据处理功能测试。

　　⑥控制功能测试。

　　⑦功率调节功能测试。

　　⑧自动发电控制(AGC)功能测试。

　　⑨自动电压控制(AVC)功能测试。

　　⑩人机接口功能检查。

　　⑪系统时钟、时钟同步以及不同现地控制单元间的事件分辨率、雪崩处理能力测试。

　　⑫外部通讯功能测试。

　　⑬应用软件编辑功能测试。

　　⑭系统自诊断及自恢复功能测试。

　　⑮其他功能测试。

　　⑯实时性性能指标检查及测试。

⑰CPU 负荷率和内存占有率等性能指标测试。

三、技能训练

1.试验前的准备工作

（1）为了保证检验质量，对试验电源的基本要求如下：

①交流试验电源和相应调整设备应有足够的容量，以保证在最大试验负载下，通过装置的电压及电流均为正弦波（不得有畸变现象）。如果有条件测试试验电源的谐波分量时，试验电流及电压的谐波分量不宜超过基波的 5%。

②试验用的直流电源的额定电压应与装置装设场所所用的直流额定电压相同。现场应备有自直流电源总母线引出的供试验用的电压为额定值及 80% 额定值的专用支路。试验支路应设专用的安全开关，所接熔断器必须保证选择性。

（2）在现场进行检验工作，必须确切了解所在现场的直流电源容量，电压波动范围，交流整流电源的波纹系数，供电系统接线，各支路熔断器的安装位置、容量，绝缘监视回路的接线方式和中央信号系统等，以判定被检验装置的直流电源的质量及其供电方式是否合适。

（3）在现场进行检验工作前，应认真了解被检验装置的一次设备情况及其相邻的设备情况，并据此制定在检验工作进行的全过程中确保系统安全运行的技术措施。

（4）对新投入运行设备的装置试验，应先进行如下的准备工作：

①了解设备的一次接线及投入运行后的运行方式和设备投入运行的方案。

②检查装置的原理接线图（设计图）及与之相符合的二次回路安装图、电缆敷设图、电缆编号图、断路器操作机构图、电流与电压互感器端子箱图及二次回路分线箱图等全部图纸，以及装置的技术说明及开关操作机构说明，电流、电压互感器的出厂试验书等。以上技术资料应齐全、正确。

③根据设计图纸，到现场核对所有装置的安装位置是否正确，所使用的电流互感器的安装位置是否合适等。

④对扩建装置的调试，除应了解设备的一次接线外，尚应了解与已运行的设备有关联部分的详细情况，按现场的具体情况制订出现场工作的安全措施，以防止发生误碰运行设备的事故。

（5）对装置的整定试验，应按有关部门提供的整定单（书面整定依据）进行。检验工作负责人应熟知整定单的内容，并核对所给的定值是否齐全，所使用的电流、电压互感器的变比值是否与现场实际情况相符合。

（6）工作人员在运行设备上进行检验工作时，必须事先取得发电厂运行值班员的同意，遵照电业安全工作规程的规定履行工作许可手续，并在运行值班员利用专用的连接片将装置的所有跳闸回路断开之后，才能进行检验工作。

（7）检验仪器仪表的基本要求。

①定值检验采用的仪器、仪表的精度不低于 0.5 级。仪器、仪表必须有计量单位的检验合格证并在合格期限内。如果仪器的精度未经检验，试验时必须在电流、电压回路接入合格的仪表作为计量工具。

②应至少配置以下仪器、仪表：指针式电压、电流表，数字式电压、电流表，钳形电流表，相位表，1000 V 及 2500 V 兆欧表，可进行 1000 V 耐压试验的耐压试验仪，毫秒计，成套微

机试验仪,可记忆示波器。建议配置便携式录波器。

2.测试应具备的条件

(1)监控系统调试(定期检验)所需图纸和装置说明书等资料齐全。

(2)监控系统各项定值和调度命名已签发,防误闭锁逻辑表、AV(Q)C策略及闭锁条件已提供。

(3)监控系统设备运行所需交、直流电源已调试完毕,具备可靠供电能力。

(4)测试用仪器均在检定有效期内,仪器各项指标均满足测试要求。

(5)检验的标准环境条件。除环境检验或受检产品技术条件中对环境条件有特殊规定的以外,其他检验应在下列标准环境条件下进行:

环境温度:15~35℃;

相对湿度:45%~75%;

大气压力:86 kPa~106 kPa。

当不能在标准的环境条件下进行检验时,要在检验报告上注明实际条件。

(6)试验电源条件。

①交流电源:

波形:正弦波,波形畸变因数不大于5%;

频率:50Hz,其允许偏差为±5%。

②直流电源的纹波分量:

峰值与谷值之差与直流分量比值不大于6%,即(峰值-谷值)/直流分量 < 6%;

试验过程中,当触点接通负载时,试验电源电压的波动相对于空载电压而言应不大于5%。

3.检验项目

(1)设备外观、铭牌及安装接线检查

①监控系统屏柜屏面布置检查。根据设计图纸检查各屏柜的屏面布置是否正确,接线端子排等接插件型号及质量是否符合设计要求,屏柜颜色是否与设计要求一致,前后柜门能否可靠开启和关闭,柜门锁具及钥匙能否正常使用。

②设备外观检查。检查监控系统设备及外观是否良好,有无明显损伤痕迹。

③设备型号检查。根据设备铭牌检查监控系统现地控制单元层和站控层的设备型号与实际配置是否正确,与相关资料是否一致。

④屏内接线检查。根据设计图纸检查监控设备屏柜内部各装置之间连线及套管编号是否正确,与端子排连接是否紧固,线缆表面有无破损,线径是否符合设计要求。

⑤屏外接线检查。根据设计图纸检查监控系统屏柜外部二次回路接线(含二次电缆、通讯电缆和光缆)两端接线及套管编号是否正确,与端子排连接是否紧固,二次电缆线径是否符合设计要求,外部线缆铭牌标识是否正确。

⑥屏柜和装置清扫。对监控系统屏柜及测控装置进行清扫,清扫前应做好相关安全措施,保证不误碰带电回路。

(2)绝缘电阻测试

测试前应具备条件:监控设备屏柜内部和外部接线检查工作已完成,从监控屏柜辐射出去的二次回路接线工作已完成,备用芯线已捆扎整理完毕。

注意事项:测试前应通知其他相关工作面成员停止工作并做好安全措施,经确认无误后方可开始进行此项测试。测试结束后应及时通知其他相关工作面成员恢复工作。

①直流电源回路绝缘电阻测试。将本监控装置除直流电源回路外的所有交、直流回路可靠接地,然后使用1000 V绝缘电阻测试仪测试该现地控制单元监控装置所有直流电源回路对地绝缘电阻是否满足设计要求。

②信号输入回路绝缘电阻测试。将本监控装置除信号输入回路外的所有交、直流回路可靠接地,然后使用500 V绝缘电阻测试仪测试该现地控制单元监控装置所有信号输入回路对地绝缘电阻是否满足设计要求。

③交流采样回路绝缘电阻测试。将本监控装置除交流采样回路外的所有交、直流回路可靠接地,然后使用1000 V绝缘电阻测试仪测试该现地控制单元监控装置所有交流采样回路对地绝缘电阻是否满足设计要求。

④命令输出回路绝缘电阻测试。使用1000 V绝缘电阻测试仪检查命令输出回路对地绝缘电阻及输出接点之间绝缘电阻是否满足设计要求。

(3)装置通电及初始化检查

检验前应具备条件:厂用电交、直流电源及站控层UPS装置已安装调试完毕,具备可靠供电能力。

①现地控制单元层设备通电及初始化状态检查。检查直流电源极性及电压值满足要求后接通LCU层设备电源,检查LCU层I/O单元及辅助设备(光电转换器、GPS、变送器等)初始化状态是否正常。

②站控层设备上电检查。检查电源极性及电压值满足要求后接通站控层设备电源,检查站控层计算机、外设及网络设备初始化状态是否正常。

③监控系统网络通讯状态检查。检查LCU层各测控装置之间、站控层设备之间及LCU层与站控层之间通讯状态是否正常。

(4)监控系统功能测试

1)开入量测试

①信号量测试。

a. 在I/O装置屏柜端子排上模拟信号输入,检查I/O装置面板信号指示灯和液晶屏显示是否正确,站级层主机是否正确收到信号,站级层主机显示的信号画面、告警音响、简报信息文字描述是否与实际的信号定义描述一致,报表归档是否正确。

b. 对断路器、电动闸刀、地刀等一次设备进行就地操作,检查监控系统间隔层I/O测控装置及站控层主机显示一次设备双位置信号与现场一次设备状态完全一致。

c. 对断路器、主变本体、电流互感器、电压互感器等一次设备以硬接点方式接入监控系统的告警信号进行测试,检查站控层计算机信号光字显示及告警音响是否正确。

d. 对继电保护装置以硬接点方式接入监控系统的事故和告警信号进行测试,检查站控层计算机信号光字显示及告警音响是否正确。

e. 对以硬接点方式接入监控系统的其他信号进行测试,检查站控层计算机信号光字显示及告警音响是否正确。

②变分接头档位信号输入测试。

③脉冲量信号输入测试(仅当电度量以脉冲量形式接入监控系统时):

在 I/O 屏端子排上模拟脉冲量信号输入,检查站级层主机数据库和电度量报表中相应电度量值的变化值是否正确。

说明:a. 对于脉冲量定时上送的监控系统装置,应测试其实际上送时间间隔与参数化配置文件中设定值是否一致。b. 如果电度表读数与监控系统电度量报表数值一致,则监控系统定期检验时无需进行此项测试,以免测试时产生的脉冲信号对监控系统电度量统计造成偏差。如果因故必须进行此项测试,应在测试完成后根据电度表实际读数对监控系统电度量报表进行修正。

④开入量特性测试。

a. 断开被测 I/O 测控单元信号直流电源,对测控装置每个开入点单独施加直流电压激励(注意电压极性),从零开始逐步增大电压值,测试其动作值及保持值不大于 70% 额定电压并不小于 40% 额定电压。

b. 断开被测 I/O 测控单元信号直流电源,对测控装置每个开入点单独施加直流电压激励(注意电压极性),从额定电压开始逐步降低电压值,测试其返回值不小于 30% 额定电压。

⑤信号输入数字滤波功能测试。

将可编程信号发生器开出空接点两端分别接信号电源公共端和测控装置被测开入点,依次改变信号发生器输出脉宽,检测装置信号输入实际数字滤波时间与参数化文件中设定值是否一致。

说明:测控装置每个开入点均可单独设定数字滤波值,对于断路器位置信号输入点的数字滤波时间设置应满足水电站信号分辨率的要求。

2)模拟量采样精度及线性度测试

①交流采样精度及线性度测试

使用满足精度要求的测试仪器向测控装置分别输入二次电流和电压,分别改变输入电流、电压的幅值和角度,根据测控装置面板和站级层计算机一次显示值检查其交流采样(包括零漂)精度和线性度指标应满足的要求,误差不超过设计规定的基本误差的极限值。对于电流、电压基本误差试验,试验点应不少于 6 点,通常取 6 点。对于频率、相位角和功率因数基本误差试验,试验点应不少于 9 点。对有功功率和无功功率(单向),选取 6 个试验点,还应增加被测量范围的中心值。

说明:对于保护测控一体化装置,无论保护和测控部分共用或分别使用独立的 CT 二次绕组,都应对测控部分进行模拟量精度及线性度测试。

②变送器精度及线性度测试

在被测变送器二次输入端输入相应电流、电压或电阻值,校核变送器的精度和线性度。

如果外部变送器通过 4～20 mA 方式输入监控系统,则需对输入口进行精度测试。

对通过通讯口输入监控系统的模拟量信号,只需核对该信号和实际测量仪表间的量测值。

(5)监控系统控制功能测试

测试前应具备条件:控制对象已安装调试完毕,具备操作条件。

1)测试要求

通过各种人机接口设备(如现地/站级、键盘/按钮等)发出控制命令或模拟启动条件启动控制流程。

各种命令或启动条件所引发的控制操作(包括成功与失败)、提示、登录、报警及相应处理等应满足受检产品技术条件规定,且最终的控制流程及设备的有关参数应与现场设备要求一致。

2)水轮发电机组

①蜗壳充水前的试验,其步骤为:

a. 关闭机组进口闸(阀)门,拉开机组出口隔离开关。

b. 断开"开启进口闸(阀)门"、"合出口隔离开关"及其他不允许操作的设备的操作回路,接入万用表或其他监测器具。

c. 从生产过程接口处断开机组转速、端电压等模拟量输入信号的电缆,从生产过程接口处断开进口闸(阀)门位置、出口隔离开关位置等状态量输入信号电缆,接入相应的模拟信号发生器。

d. 启动控制流程,并根据流程进展人工改变外加模拟信号以满足流程要求,检查流程执行的正确性及有关参数设置的正确性。

②水轮发电机组实际工况转换操作试验,其步骤为:

a. 取消蜗壳充水前试验时所做措施。

b. 水轮发电机组及相应现地控制单元处于正常工作状态。

c. 从 LCU 人机接口,对水轮发电机组进行实际工况转换操作试验,检查流程执行的正确性及有关参数设备的正确性。

d. 从上位机人机接口对水轮发电机进行实际工况转换操作试验。

3)其他设备(包括开关站、公用、坝区等的设备)

①手动模拟试验,其步骤为:

a. 在被控对象端将控制及信号反馈回路断开,接入相应的监测器具及模拟信号发生器。

b. 启动控制流程,根据流程进展人工改变外加模拟信号以满足流程要求,检查流程执行及有关参数设备的正确性。

②实际操作试验,其步骤为:

a. 取消手动模拟试验时所做措施,被控设备及相应现地控制单元处于正常工作状态。

b. 对被控对象进行实际的工况转换操作试验,检查流程执行及有关参数设置的正确性。

(6)电站主控层系统计算机操作界面功能检查

序号	功能描述		备注
1	数据采集及处理功能	模拟量(交流采样)	
		模拟量(变送器采样)	
		信号量	
		脉冲(电度)量	
		其他(通讯方式上送)	

序号		功能描述	备注
2	报警功能	一次设备状态变位信号	
		模拟量越限	
		以硬接点方式上送的告警信号	
		以通讯方式上送的告警信号	
		保护与监控设备的运行异常	
		计算机系统本身及电源故障	
3	记录功能	SOE 事故及告警动作信号	
		设备状态变化	
		模拟量越复限	
		事故追忆表生成	
4	控制功能	机组控制	
		操作票控制	
		开关站控制	
		闸门控制	
		AV(Q)C 功能	
		操作权限管理	
5	在线统计功能	P、Q、U、I、cosΦ、双向有功、无功电度	
		有功、无功电度脉冲累计	
		断路器跳闸次数统计、停用时间统计	
		发电机的开机和停机时间	
		变压器的停用时间及次数统计	
6	画面显示和打印	电气主接线和按单元划分单元接线图	
		实时状态、实时参数	
		油、气、水系统图	
		监控系统配置图	
		显示实时测点表,表明所有实时测点和状态,实时和统计数据及限值	
		历史趋势曲线	
		报警显示	
		报表查询	
7	时钟同步功能	GPS 装置与现地控制单元层及电站主控层间同步时钟校准功能	
		GPS 装置故障时的监控系统对时功能	

续表

序号		功能描述	备注
8	自诊断和自恢复功能	异常报警	
		自诊断范围包括:间隔层监控装置、站级层监控主机、工程师工作站、网络设备、远动设备、各类通道故障、GPS故障、各类外设故障、软件故障	
		软件故障时,且能自动告警,应能自动恢复,且不丢失重要数据	
		硬件故障时,自动告警,硬件故障排除后,系统应能自动恢复正常运行,不影响其他设备	
		远方诊断功能	
9	维护功能	通过工程师工作站对系统进行诊断、管理、维护、扩充等	
		数据库维护	
		自动控制功能投退	
		对各种应用功能运行状态的监测	
		各种报表的在线生成以及显示画面的在线编辑	
		监控系统故障诊断	
10	技术指标	站控层系统可用率不小于99.9%	1.根据技术合同指标要求进行测试 2.除非监控系统站级层设备发生异常,否则定期检验时无需进行此项测试
		站控层平均故障间隔时间(MTBF)不小于20000 h	
		间隔层平均故障间隔时间(MTBF)不小于30000 h	
		网络正常负荷率低于20%,事故负荷率低于40%	
		模拟量越死区传送时间不大于2 s	
		开关量变位传送时间不大于1 s(至站控层显示屏)	
		遥控操作正确率不小于99.99%,遥调正确率不小99.9%	
		开关量信号输入至画面显示的响应时间不大于2 s	
		事件顺序记录分辨率(SOE)不大于2 ms	
		动态画面响应时间不大于2 s	
		整个系统对时精度误差应不大于1 ms	
		所有计算机的CPU平均负荷率(在变电所最终规模下):正常状态下:≤30%,事故状态下:≤50%	
		网络正常平均负荷率≤25%,在告警状态下10s内应小于40%	
		存储器的存储容量满足两年的运行要求,且不大于总容量的60%	
		交流采样测量值精度:电压、电流≤0.2%,有功、无功功率≤0.5%,其中电网频率测量误差≤0.01 Hz	
		直流采样测量值精度≤0.2%	
		越死区传送整定最小值≥0.5%	
		所内SOE分辨率≤2 ms	

续表

序号	功能描述		备注
10	技术指标	控制命令从生成到输出或撤销时间：≤1 s	1.根据技术合同指标要求进行测试 2.除非监控系统站级层设备发生异常,否则定期检验时无需进行此项测试
		模拟量输入值越死区到人机工作站显示、远动数据处理及通信装置出口：≤3 s	
		状态量及告警量输入变位到人机工作站显示、远动数据处理及通信装置出口：≤2 s	
		全系统实时数据扫描周期：≤2 s	
		有实时数据的画面整幅调出响应时间：≤2 s	
		动态数据刷新周期：≤5 s	
		打印报表输出周期：按需整定	
		双机切换时间≤50 s	
		事故追忆：事故前:1 min,事故后:2 min,连续事故:5 组	
		双网切换响应时间<2 s	
		主从机切换时间小于 30 s	

（7）电站主控层系统对时精度测试

检测监控系统电站主控层设备与 GPS 装置通讯是否正常,显示时间是否与实际时间一致。

（8）现地控制单元层测控装置对时精度测试

使用 GPS 信号发生器定时触发 SOE 信号,检测监控系统电站主控层主机显示的 SOE 时标是否与信号实际触发时间一致。

说明:某些测控装置显示的 SOE 时标未对信号输入接点的数字滤波延时影响进行修正。如有此类现象,应要求设备厂家进行改进。

四、工程案例分析

下面是某小型水电站计算机监控系统的试验内容。

1. 上位机调试

（1）人机界面调试

序号	内容	调试情况	性质	备注
1.系统图部分				
1	全厂纵剖面图	画面正确、显示正常	显示	
2	监控系统网络图	画面正确、显示正常	显示	
3	电站主接线图	画面正确、状态对应、显示正常	状态实时显示	
4	电站厂用电系统图 1	画面正确、状态对应、显示正常	状态实时显示	
5	电站厂用电系统图 2	画面正确、状态对应、显示正常	状态实时显示	
6	电站厂用电系统图 3	画面正确、状态对应、显示正常	状态实时显示	
7	全厂供排水系统图	画面正确、状态对应、显示正常	状态实时显示	
8	油处理室油系统图	画面正确、状态对应、显示正常	状态实时显示	

续表

序号	内容	调试情况	性质	备注
9	1#机组油系统图	画面正确、状态对应、显示正常	状态实时显示	
10	2#机组油系统图	画面正确、状态对应、显示正常	状态实时显示	
11	全厂低压气系统图	画面正确、状态对应、显示正常	状态实时显示	
12	全厂高压气系统图	画面正确、状态对应、显示正常	状态实时显示	

2.控制部分

序号	内容	调试情况	性质	备注
1	主接线控制台	画面正确、状态对应、显示及控制正常	状态实时显示、控制	
2	1#机组控制台	画面正确、状态对应、显示及控制正常	状态实时显示、控制	
3	2#机组控制台	画面正确、状态对应、显示及控制正常	状态实时显示、控制	
4	操作票控制台	画面正确、状态对应、显示及控制正常	状态实时显示、控制	
5	升压站控制台	画面正确、状态对应、显示及控制正常	状态实时显示、控制	
6	系统管理员窗口	画面正确、控制正常	数据库管理及控制	

3.其他部分

序号	内容	调试情况	性质	备注
1	1#机组瓦温图	画面正确、状态对应、显示正常	状态实时显示、报警	
2	2#机组瓦温图	画面正确、状态对应、显示正常	状态实时显示、报警	
3	全厂PLC信息窗口	画面正确、状态对应、显示正常	状态实时显示	
4	历史曲线查询	画面正确、状态对应、显示正常	状态实时显示	
5	报表查询	画面正确、状态对应、显示正常	状态实时显示	
评价	1.组成的画面能够充分反映电站的情况 2.画面色彩明快,重点突出,视觉流畅 3.画面切换时间<2 s 4.画面数据动态连接正确 5.操作画面简洁,控制防误措施得当			
结论	人机界面画面正确,各状态显示、控制正常,完全满足监控系统控制要求,可以正常投运			

(2)后台处理程序调试

序号	内容	调试情况	性质	备注
1	1#机组水机报表	格式正确、状态对应、显示正常	状态显示	
2	1#机组电气报表	格式正确、状态对应、显示正常	状态显示	
3	2#机组水机报表	格式正确、状态对应、显示正常	状态显示	
4	2#机组电气报表	格式正确、状态对应、显示正常	状态显示	
5	公用水机报表	格式正确、状态对应、显示正常	状态显示	
6	公用电气报表	格式正确、状态对应、显示正常	状态显示	
7	运行日志	格式正确、状态对应、显示正常	状态显示	
8	报警报表	格式正确、状态对应、显示正常	状态显示	

续表

序号	内容	调试情况	性质	备注
评价	1.报表格式正确 2.报表能够充分反映电站的情况 3.画面切换时间<2 s 4.画面数据动态连接正确			
结论	运行报表能够满足运行需要,可以正常投运			

（3）流程控制、报警事故处理及操作闭锁

序号	内容	调试情况	性质	备注
1.流程控制				
1	开启/关闭蝶阀控制流程	控制流程合理、正确	过程显示、控制	
2	开机/停机控制流程	控制流程合理、正确	过程显示、控制	
3	机组功率给定运行控制流程	控制流程合理、正确	过程显示、控制	
2.报警事故处理				
1	报警控制	状态对应、报警响应及时正确	过程显示、控制	
2	事故停机控制	状态对应、事故响应及时正确	过程显示、控制	
3	紧急停机控制	状态对应、事故响应及时正确	过程显示、控制	
3.操作闭锁				
1	登录画面闭锁	闭锁条件合理正确	过程显示、防误	
2	机组功率给定运行闭锁	闭锁条件合理正确	过程显示、防误	
3	开启/关闭蝶阀闭锁	闭锁条件合理正确	过程显示、防误	
4	开机/停机闭锁	闭锁条件合理正确	过程显示、防误	
5	紧急停机闭锁	闭锁条件合理正确	过程显示、防误	
6	升压站倒闸操作闭锁	闭锁条件合理正确	过程显示、防误	
评价	1.流程、报警、事故等自动画面反映及时正确 2.画面响应时间<2 s 3.画面数据动态连接正确			
结论	流程控制、报警事故处理及操作闭锁能够满足运行需要,可以正常投运			

2. LCU 单元 I/O 量校验

（1）1 号机组 LCU 单元

序号	I/O 地址	点名定义	性质	通道试验	备注
1.模拟量输入					
1	％AI0001	机组水头	状态	OK	
2	％AI0002	机组转速	状态、控制	OK	
3	％AI0003	机组流量	状态	OK	

续表

序号	I/O 地址	点名定义	性质	通道试验	备注
4	％AI0004	机组发电机电压 U_{ab}	状态、控制	OK	
5	％AI0005	机组发电机电流 I_b	状态	OK	
6	％AI0006	机组发电机有功功率 MW	状态	OK	
7	％AI0007	机组发电机无功功率 MVAR	状态	OK	
8	％AI0008	机组发电机电压 U_{bc}	状态	OK	
9	％AI0009	机组发电机电压 U_{ca}	状态	OK	
10	％AI0010	机组励磁电流 I_f	状态	OK	
11	％AI0011	机组励磁电压 U_f	状态	OK	
12	％AI0012	机组压力油罐油压	状态	OK	
13	％AI0013	机组振动	状态	OK	
14	％AI0014	机组摆度	状态	OK	
15	％AI0015	机组轴位移	状态	OK	
16	％AI0016	机组导叶开度	状态	OK	
17	％AI0017	机组浆叶开度	状态、控制	OK	
18	％AI0018	机组顶盖水位	状态	OK	
19	％AI0019	机组励磁变温度 a 相	状态	OK	
20	％AI0020	机组励磁变温度 b 相	状态	OK	
21	％AI0021	机组励磁变温度 c 相	状态	OK	
22	％AI0022	机组推力轴承温度 X_1	状态	OK	
23	％AI0023	机组推力轴承温度 X_2	状态	OK	
24	％AI0024	机组上导轴承温度 X_3	状态	OK	
25	％AI0025	机组上导轴承温度 X_4	状态	OK	
26	％AI0026	机组下导轴承温度 X_5	状态	OK	
27	％AI0027	机组下导轴承温度 X_6	状态	OK	
28	％AI0028	机组水导轴承温度 X_7	状态	OK	
29	％AI0029	备用	备用	OK	
30	％AI0030	备用	备用	OK	
31	％AI0031	备用	备用	OK	
32	％AI0032	备用	备用	OK	
33	％AI0033	备用	备用	OK	
34	％AI0034	备用	备用	OK	
35	％AI0035	备用	备用	OK	
36	％AI0036	备用	备用	OK	

续表

序号	I/O 地址	点名定义	性质	通道试验	备注
2.开关量输入					
1	％I00001	蝶阀全关位置	状态、控制	OK	
2	％I00002	蝶阀全开位置	状态、控制	OK	
3	％I00003	机组机械过速	紧急停机	OK	
4	％I00004	机组导叶锁锭投入位置	状态	OK	
5	％I00005	机组导叶锁锭拔出位置	状态	OK	
6	％I00006	机组浆叶开启位置	状态、控制	OK	
7	％I00007	机组水导轴承油位开关	控制	OK	
8	％I00008	机组下导轴承油位低开关	控制	OK	
9	％I00009	机组推力轴承油位高开关	控制	OK	
10	％I00010	机组主轴密封水中断	报警	OK	节点取反
11	％I00011	机组检修密封压力开关	状态	OK	
12	％I00012	机组冷却水电动阀开启位置	状态	OK	
13	％I00013	机组冷却水电动阀关闭位置	状态	OK	
14	％I00014	机组油压装置隔离阀关闭位置	状态	OK	
15	％I00015	机组油压装置隔离阀开启位置	状态	OK	
16	％I00016	机组导叶推力冷却水中断位置	报警	OK	
17	％I00017	机组调速器故障	事故	OK	
18	％I00018	机组励磁故障	报警	OK	
19	％I00019	机组电气事故	事故	OK	
20	％I00020	机组自动准同期控制	状态	OK	
21	％I00021	机组计算机控制	状态	OK	
22	％I00022	机组压力油罐油位正常开关	状态	OK	
23	％I00023	机组回油箱油位过低开关	事故	OK	
24	％I00024	机组导叶失控位置	紧急停机	OK	
25	％I00025	手动开启蝶阀	控制	OK	
26	％I00026	手动关闭蝶阀	控制	OK	
27	％I00027	蝶阀部分开启位置	状态	OK	
28	％I00028	蝶阀旁通阀关闭位置	状态	OK	
29	％I00029	蝶阀旁通阀开启位置	状态	OK	
30	％I00030	机组浆叶关闭位置	状态	OK	
31	％I00031	机组导叶全关位置	状态	OK	
32	％I00032	机组导叶空载位置	状态	OK	

续表

序号	I/O 地址	点名定义	性质	通道试验	备注
33	%I00033	机组导叶全开位置	状态	OK	
34	%I00034	机组导叶投制动位置	状态	OK	
35	%I00035	机组导叶投锁锭位置	状态	OK	
36	%I00036	机组导叶投备用水位置	状态	OK	
37	%I00037	机组蜗壳压力增加开关	状态	OK	
38	%I00038	机组顶盖水位过高开关	事故	OK	
39	%I00039	机组顶盖排水故障	报警	OK	
40	%I00040	机组调速器管路压力增加开关	状态	OK	
41	%I00041	机组压力油罐油位过高开关	报警	OK	
42	%I00042	机组压力油罐油位过高充气开关	状态	OK	
43	%I00043	机组压力油罐隔离阀关及备用泵停油位开关	状态	OK	
44	%I00044	机组压力油罐机组可起动油位开关	状态	OK	
45	%I00045	机组压力油罐低备用泵启动油压	报警	OK	
46	%I00046	机组压力油罐油位过低开关1	事故	OK	
47	%I00047	机组压力油罐油位过低开关2	事故	OK	
48	%I00048	机组回油箱油位过高开关	报警	OK	
49	%I00049	机组漏油箱油位过高及故障信号	报警	OK	
50	%I00050	机组下导油槽油位过低	报警	OK	
51	%I00051	机组上导及推力油槽油位过低	报警	OK	
52	%I00052	机组灭磁开关分闸位置	状态	OK	
53	%I00053	机组水导轴承冷却水温度升高	报警	OK	
54	%I00054	机组推力轴承冷却水温度升高	报警	OK	
55	%I00055	机组空冷器冷却水温度升高	报警	OK	
56	%I00056	机组下导轴承冷却水温度升高	报警	OK	
57	%I00057	机组空冷器温度升高	报警	OK	
58	%I00058	机组上导轴承温度升高	报警	OK	
59	%I00059	机组推力轴承温度升高	报警	OK	
60	%I00060	机组下导轴承温度升高	报警	OK	
61	%I00061	机组轴承温度过高跳闸	事故	OK	
62	%I00062	机组发电机开关合闸位置	状态	OK	
63	%I00063	机组发电机开关分闸位置	状态	OK	
64	%I00064	机组事故/故障手动复归按钮	状态	OK	
65	%I00065	机组调速器油温过高	报警	OK	

续表

序号	I/O 地址	点名定义	性质	通道试验	备注
66	%I00066	机组压力油罐油压过高	报警	OK	
67	%I00067	机组调速器油过滤器压差开关	报警	OK	
68	%I00068	机组水导轴承油位过低开关	报警	OK	
69	%I00069	机组主轴密封供水管路压力过低开关	报警	OK	
70	%I00070	机组发电机空冷器供水管路压力过低	报警	OK	
71	%I00071	机组下导轴承供水管路压力过低	报警	OK	
72	%I00072	机组推力轴承供水管路压力过低	报警	OK	
73	%I00073	机组主轴密封水压力过低	报警	OK	
74	%I00074	机组推力轴承冷却水中断	报警	OK	
75	%I00075	机组发电机空冷器冷却水中断	报警	OK	
76	%I00076	机组下导轴承冷却水中断	报警	OK	
77	%I00077	机组制动闸复位位置	状态	OK	
78	%I00078	机组机械制动投入位置	备用	OK	
79	%I00079	机组轴位移过大	报警	OK	
80	%I00080	机组摆度过大	报警	OK	
81	%I00081	机组振动过大	报警	OK	
82	%I00082	机组剪断销剪断	报警	OK	
83	%I00083	机组漏油箱油混水	报警	OK	
84	%I00084	机组发电机火灾报警	报警	OK	
85	%I00085	机组 25%转速投入机械制动闸	状态	OK	
86	%I00086	机组 50%转速投入电气制动闸	状态	OK	
87	%I00087	机组 90%转速投入水轮机油槽位保护	状态	OK	
88	%I00088	机组 95%转速投入励磁	状态	OK	
89	%I00089	机组电气一级过速155%转速	紧急停机	OK	
90	%I00090	机组电气二级过速115%转速	紧急停机	OK	
91	%I00091	机组 1%~5%低转速监视	状态、控制	OK	
92	%I00092	机组手动开机	状态	OK	
93	%I00093	机组手动停机	状态	OK	
94	%I00094	机组手动紧急停机	紧急停机	OK	
95	%I00095	机组油压装置 1♯油泵自动位置	状态	OK	
96	%I00096	机组油压装置 2♯油泵自动位置	状态	OK	
97	%I00097	机组油压装置 1♯油泵启动位置	状态	OK	

续表

序号	I/O 地址	点名定义	性质	通道试验	备注
98	%I00098	机组油压装置 2# 油泵启动位置	状态	OK	
99	%I00099	机组发电机隔离开关 QS_1 合闸位置	状态	OK	
100	%I00100	机组发电机隔离开关 QS_2 合闸位置	状态	OK	
101	%I00101	机组发电机纵差保护	事故	OK	
102	%I00102	机组发电机电压记忆过流保护 t_1	事故	OK	
103	%I00103	机组发电机电压记忆过流保护 t_2	事故	OK	
104	%I00104	机组发电机失磁保护	事故	OK	
105	%I00105	机组励磁变过电流保护	报警	OK	
106	%I00106	机组发电机过电压保护	报警	OK	
107	%I00107	机组发电机转子一点接地保护	报警	OK	
108	%I00108	机组发电机定子一点接地保护	报警	OK	
109	%I00109	机组发电机过负荷保护	报警	OK	
110	%I00110	机组发电机开关操作回路故障	报警	OK	
111	%I00111	机组发电机保护装置电源故障	报警	OK	
112	%I00112	机组电压互感器故障	报警	OK	
113	%I00113	机组温度巡检仪故障	报警	OK	
114	%I00114	备用	备用	OK	
115	%I00115	备用	备用	OK	
116	%I00116	机组励磁装置起励失败故障	报警	OK	
117	%I00117	机组励磁装置 PT 故障	报警	OK	
118	%I00118	机组励磁装置过励故障	报警	OK	
119	%I00119	机组励磁装置 CPU 故障	报警	OK	
120	%I00120	机组励磁装置调节器故障	报警	OK	
121	%I00121	机组励磁装置低频过压故障	报警	OK	
122	%I00122	机组励磁装置过励限制	报警	OK	
123	%I00123	机组励磁装置欠励限制	报警	OK	
124	%I00124	机组励磁装置风机故障	报警	OK	
125	%I00125	机组励磁装置逆变灭磁失败	报警	OK	
126	%I00126	机组励磁装置快速熔丝熔断	报警	OK	
127	%I00127	机组励磁变温度升高报警	报警	OK	
128	%I00128	机组励磁装置过励	事故	OK	
129	%I00129	机组励磁装置 110VDC/220VAC 电源故障	报警	OK	
130	%I00130	机组灭磁开关合闸位置	状态	OK	

序号	I/O 地址	点名定义	性质	通道试验	备注
131	％I00131	机组油压装置油泵故障	紧急停机	OK	
132	％I00132	机组冷却水电动阀电源故障	报警	OK	
133	％I00133	机组灭火电动阀电源故障	报警	OK	
134	％I00134	机组火灾电动阀开启位置	状态	OK	
135	％I00135	机组火灾电动阀关闭位置	状态	OK	
136	％I00136	机组水导轴承温度升高	状态	OK	
137	％I00137	机组调速器油路压力下降	报警	OK	
138	％I00138	蝶阀旁通阀控制电源故障	报警	OK	
139	％I00139	备用	备用	OK	
140	％I00140	备用	备用	OK	
141	％I00141	备用	备用	OK	
142	％I00142	备用	备用	OK	
143	％I00143	备用	备用	OK	
144	％I00144	备用	备用	OK	
145	％I00145	机组励磁压变隔离开关合闸位置	状态	OK	
146	％I00146	机组励磁压变隔离开关分闸位置	状态	OK	
147	％I00147	机组发电机压变隔离开关合闸位置	状态	OK	
148	％I00148	机组发电机压变隔离开关分闸位置	状态	OK	
149	％I00149	机组励磁变隔离开关合闸位置	状态	OK	
150	％I00150	机组励磁变隔离开关分闸位置	状态	OK	
151	％I00151	备用	备用	OK	
152	％I00152	备用	备用	OK	
153	％I00153	备用	备用	OK	
154	％I00154	备用	备用	OK	
155	％I00155	备用	备用	OK	
156	％I00156	备用	备用	OK	
157	％I00157	备用	备用	OK	
158	％I00158	备用	备用	OK	
159	％I00159	备用	备用	OK	
160	％I00160	备用	备用	OK	

3. 开关量输出

1	％Q00001	机组调速器导叶开启/关闭电磁阀	控制	OK	
2	％Q00002	机组油压装置隔离阀开启	控制	OK	

续表

序号	I/O 地址	点名定义	性质	通道试验	备注
3	%Q00003	机组油压装置隔离阀关闭	控制	OK	
4	%Q00004	蝶阀旁通阀开启	控制	OK	
5	%Q00005	蝶阀旁通阀关闭	控制	OK	
6	%Q00006	蝶阀控制电磁阀	控制	OK	
7	%Q00007	机组导叶锁锭电磁阀拔出	控制	OK	
8	%Q00008	机组导叶锁锭电磁阀投入	控制	OK	
9	%Q00009	机组导叶慢关电磁阀	控制	OK	
10	%Q00010	机组导叶开启命令 R0	控制	OK	
11	%Q00011	机组调速器反馈设定 R5	控制	OK	
12	%Q00012	机组调速器负载/模拟信号切换 R7	控制	OK	
13	%Q00013	机组负荷/频率增加	控制	OK	
14	%Q00014	机组负荷/频率减少	控制	OK	
15	%Q00015	机组浆叶开启命令 R50	控制	OK	
16	%Q00016	机组浆叶位置预值 Nb1(R125)	控制	OK	
17	%Q00017	机组浆叶位置预值 Nb2(R126)	控制	OK	
18	%Q00018	机组导叶位置预置	控制	OK	
19	%Q00019	机组机械制动电磁阀投入	控制	OK	
20	%Q00020	机组机械制动电磁阀复归	控制	OK	
21	%Q00021	机组冷却水电动蝶阀开启	控制	OK	
22	%Q00022	机组油压装置压力油罐补气电磁阀	控制	OK	
23	%Q00023	机组 PLC 装置故障	控制	OK	
24	%Q00024	机组冷却水电动阀关闭	控制	OK	
25	%Q00025	机组油压装置 1# 油泵启动	控制	OK	
26	%Q00026	机组油压装置 2# 油泵启动	控制	OK	
27	%Q00027	机组发电机保护及水机事故联跳发电机开关	控制	OK	
28	%Q00028	机组水机事故跳发电机开关	控制	OK	
29	%Q00029	机组发电机开关合闸	控制	OK	
30	%Q00030	机组励磁增加	控制	OK	
31	%Q00031	机组励磁减少	控制	OK	
32	%Q00032	备用	备用	OK	
33	%Q00033	机组自动准同期装置投入	控制	OK	
34	%Q00034	机组无功调节投入	控制	OK	
35	%Q00035	机组水机故障信号	控制	OK	

序号	I/O 地址	点名定义	性质	通道试验	备注
36	%Q00036	机组水机事故信号	控制	OK	
37	%Q00037	机组调速器装置故障	控制	OK	
38	%Q00038	机组励磁装置故障	控制	OK	
39	%Q00039	机组灭磁开关合闸	控制	OK	
40	%Q00040	投励磁调节器	控制	OK	
41	%Q00041	退励磁调节器	控制	OK	
42	%Q00042	机组励磁停机逆变灭磁	控制	OK	
43	%Q00043	%95Ne 起励	控制	OK	
44	%Q00044	机组分灭磁开关	控制	OK	
45	%Q00045	机组无功调节退出	控制	OK	
46	%Q00046	机组励磁装置投入电网频率/电压跟踪	控制	OK	
47	%Q00047	机组无功增加	控制	OK	
48	%Q00048	机组无功减少	控制	OK	
49	%Q00049	机组紧急停机信号灯	报警、点灯	OK	
50	%Q00050	机组停机状态信号灯	状态、点灯	OK	
51	%Q00051	机组发电状态信号灯	状态、点灯	OK	
52	%Q00052	机组开机准备好信号灯	状态、点灯	OK	
53	%Q00053	机组温度升高信号灯	报警、点灯	OK	
54	%Q00054	机组温度过高信号灯	报警、点灯	OK	
55	%Q00055	机组轴承油位不正常信号灯	报警、点灯	OK	
56	%Q00056	机组过速 150%Ne 信号灯	报警、点灯	OK	
57	%Q00057	机组油压装置压力油罐油位过低信号灯	报警、点灯	OK	
58	%Q00058	机组主轴密封水中断信号灯	报警、点灯	OK	
59	%Q00059	机组推力轴承冷却水中断信号灯	报警、点灯	OK	
60	%Q00060	机组发电机空气冷却器冷却水中断信号灯	报警、点灯	OK	
61	%Q00061	机组下导轴承冷却水中断信号灯	报警、点灯	OK	
62	%Q00062	机组剪断销剪断信号灯	报警、点灯	OK	
63	%Q00063	机组回油箱油位不正常信号灯	报警、点灯	OK	
64	%Q00064	机组开机/停机未完成信号灯	报警、点灯	OK	
65	%Q00065	开机指示	控制	OK	
66	%Q00066	旁通阀电源故障	控制	OK	
67	%Q00067	机组手动准同期	控制	OK	

续表

序号	I/O 地址	点名定义	性质	通道试验	备注
68	%Q00068	机组顶盖排水泵故障	控制	OK	
69	%Q00069	机组顶盖水位过高	控制	OK	
70	%Q00070	备用	备用	OK	
71	%Q00071	机组电气事故信号	控制	OK	
72	%Q00072	机组电气故障信号	控制	OK	
73	%Q00073	机组 PLC 运行状态(通讯方式)	状态	OK	

(2)2 号机组 LCU 单元

2 号机组 LCU 单元的调试内容与 1 号机组相同,这里就不再赘述。

(3)开关站 LCU 单元

序号	I/O 地址	点名定义	性质	通道试验	备注
1.模拟量输入					
1	%AI0001	110 kV 青电线线路电流 I_a	状态	OK	
2	%AI0002	110 kV 青电线线路电流 I_b	状态	OK	
3	%AI0003	110 kV 青电线线路电流 I_c	状态	OK	
4	%AI0004	110 kV 青电线有功功率	状态	OK	
5	%AI0005	110 kV 青电线无功功率	状态	OK	
6	%AI0006	110 kV 水昌线线路电流 I_a	状态	OK	
7	%AI0007	110 kV 水昌线线路电流 I_b	状态	OK	
8	%AI0008	110 kV 水昌线线路电流 I_c	状态	OK	
9	%AI0009	110 kV 水昌线有功功率	状态	OK	
10	%AI0010	110 kV 水昌线无功功率	状态	OK	
11	%AI0011	110 kV 母线电压	状态、控制	OK	
12	%AI0012	110 kV 母线频率	状态	OK	
13	%AI0013	10 kV 母线电压	状态、控制	OK	
14	%AI0014	10 kV 母线频率	状态	OK	
15	%AI0015	10 kV 地区线线路电压	状态、控制	OK	
16	%AI0016	备用	备用	OK	
17	%AI0017	厂用电 I 段电压 U_{ab}	状态	OK	
18	%AI0018	厂用电 I 段电压 U_{bc}	状态	OK	
19	%AI0019	厂用电 I 段电压 U_{ca}	状态	OK	
20	%AI0020	厂用电 I 段电流 I_a	状态	OK	
21	%AI0021	厂用电 I 段电流 I_b	状态	OK	

续表

序号	I/O 地址	点名定义	性质	通道试验	备注
22	%AI0022	厂用电Ⅰ段电流 I_c	状态	OK	
23	%AI0023	厂用电Ⅱ段电压 U_{ab}	状态	OK	
24	%AI0024	厂用电Ⅱ段电压 U_{bc}	状态	OK	
25	%AI0025	厂用电Ⅱ段电压 U_{ca}	状态	OK	
26	%AI0026	厂用电Ⅱ段电流 I_a	状态	OK	
27	%AI0027	厂用电Ⅱ段电流 I_b	状态	OK	
28	%AI0028	厂用电Ⅱ段电流 I_c	状态	OK	
29	%AI0029	主变电流 I_b	状态	OK	
30	%AI0030	主变有功功率	状态	OK	
31	%AI0031	主变无功功率	状态	OK	
32	%AI0032	备用	备用	OK	

2. 开关量输入

序号	I/O 地址	点名定义	性质	通道试验	备注
1	%I00001	主变 110 kV 侧开关合位	状态、控制	OK	
2	%I00002	主变 110 kV 侧开关分位	状态、控制	OK	
3	%I00003	110 kV 青电线开关合位	状态、控制	OK	
4	%I00004	110 kV 青电线开关分位	状态、控制	OK	
5	%I00005	110 kV 水昌线开关合位	状态、控制	OK	
6	%I00006	110 kV 水昌线开关分位	状态、控制	OK	
7	%I00007	1#厂变 10 kV 开关合位	状态、控制	OK	
8	%I00008	1#厂变 10 kV 开关分位	状态、控制	OK	
9	%I00009	2#厂变 10 kV 开关合位	状态、控制	OK	
10	%I00010	2#厂变 10 kV 开关分位	状态、控制	OK	
11	%I00011	隔离变 10 kV 开关合位	状态、控制	OK	
12	%I00012	隔离变 10 kV 开关分位	状态、控制	OK	
13	%I00013	地区变 10 kV 开关合位	状态、控制	OK	
14	%I00014	地区变 10 kV 开关分位	状态、控制	OK	
15	%I00015	厂区变 10 kV 开关合位	状态、控制	OK	
16	%I00016	厂区变 10 kV 开关分位	状态、控制	OK	
17	%I00017	坝区变 10 kV 开关合位	状态、控制	OK	
18	%I00018	坝区变 10 kV 开关分位	状态、控制	OK	
19	%I00019	主变 10 kV 侧闸刀 QS3 合位	状态、控制	OK	
20	%I00020	主变 10 kV 侧闸刀 QS3 分位	状态、控制	OK	
21	%I00021	主变 110 kV 侧闸刀 QS2 合位	状态、控制	OK	
22	%I00022	主变 110 kV 侧闸刀 QS2 分位	状态、控制	OK	

续表

序号	I/O 地址	点名定义	性质	通道试验	备注
23	%I00023	主变 110 kV 母线侧闸刀 QS1 合位	状态、控制	OK	
24	%I00024	主变 110 kV 母线侧闸刀 QS1 分位	状态、控制	OK	
25	%I00025	主变中性点接地刀 QST4 合位	状态、控制	OK	
26	%I00026	主变中性点接地刀 QST4 分位	状态、控制	OK	
27	%I00027	主变高压侧下接地刀 QST3 合位	状态、控制	OK	
28	%I00028	主变高压侧下接地刀 QST3 分位	状态、控制	OK	
29	%I00029	主变高压侧上接地刀 QST2 合位	状态、控制	OK	
30	%I00030	主变高压侧上接地刀 QST2 分位	状态、控制	OK	
31	%I00031	主变母线侧接地刀 QST1 合位	状态、控制	OK	
32	%I00032	主变母线侧接地刀 QST1 分位	状态、控制	OK	
33	%I00033	110 kV 母线 PT 闸刀 QS1 合位	状态、控制	OK	
34	%I00034	110 kV 母线 PT 闸刀 QS1 分位	状态、控制	OK	
35	%I00035	110 kV 母线 PT 上接地刀 QST2 合位	状态、控制	OK	
36	%I00036	110 kV 母线 PT 上接地刀 QST2 分位	状态、控制	OK	
37	%I00037	110 kV 母线 PT 下接地刀 QST1 合位	状态、控制	OK	
38	%I00038	110 kV 母线 PT 下接地刀 QST1 分位	状态、控制	OK	
39	%I00039	青电线母线侧闸刀 QS1 合位	状态、控制	OK	
40	%I00040	青电线母线侧闸刀 QS1 分位	状态、控制	OK	
41	%I00041	青电线线路侧闸刀 QS2 合位	状态、控制	OK	
42	%I00042	青电线线路侧闸刀 QS2 分位	状态、控制	OK	
43	%I00043	青电线母线侧地刀 QST1 合位	状态、控制	OK	
44	%I00044	青电线母线侧地刀 QST1 分位	状态、控制	OK	
45	%I00045	青电线线路侧下接地刀 QST2 合位	状态、控制	OK	
46	%I00046	青电线线路侧下接地刀 QST2 分位	状态、控制	OK	
47	%I00047	青电线线路侧上接地刀 QST3 合位	状态、控制	OK	
48	%I00048	青电线线路侧上接地刀 QST3 分位	状态、控制	OK	
49	%I00049	水昌线母线侧闸刀 QS1 合位	状态、控制	OK	
50	%I00050	水昌线母线侧闸刀 QS1 分位	状态、控制	OK	
51	%I00051	水昌线线路侧闸刀 QS2 合位	状态、控制	OK	
52	%I00052	水昌线线路侧闸刀 QS2 分位	状态、控制	OK	
53	%I00053	水昌线母线侧地刀 QST1 合位	状态、控制	OK	
54	%I00054	水昌线母线侧地刀 QST1 分位	状态、控制	OK	
55	%I00055	水昌线线路侧下接地刀 QST2 合位	状态、控制	OK	
56	%I00056	水昌线线路侧下接地刀 QST2 分位	状态、控制	OK	

续表

序号	I/O 地址	点名定义	性质	通道试验	备注
57	%I00057	水昌线线路侧上接地刀 QST3 合位	状态、控制	OK	
58	%I00058	水昌线线路侧上接地刀 QST3 分位	状态、控制	OK	
59	%I00059	发电机 10 kV 母线 PT 闸刀合位	状态、控制	OK	
60	%I00060	发电机 10 kV 母线 PT 闸刀分位	状态、控制	OK	
61	%I00061	厂坝区 10 kV 母线 PT 闸刀合位	状态、控制	OK	
62	%I00062	厂坝区 10 kV 母线 PT 闸刀分位	状态、控制	OK	
63	%I00063	1#厂变母线侧闸刀 QS1 合位	状态、控制	OK	
64	%I00064	1#厂变母线侧闸刀 QS1 分位	状态、控制	OK	
65	%I00065	1#厂变变压器侧闸刀 QS2 合位	状态、控制	OK	
66	%I00066	1#厂变变压器侧闸刀 QS2 分位	状态、控制	OK	
67	%I00067	2#厂变母线侧闸刀 QS1 合位	状态、控制	OK	
68	%I00068	2#厂变母线侧闸刀 QS1 分位	状态、控制	OK	
69	%I00069	2#厂变变压器侧闸刀 QS2 合位	状态、控制	OK	
70	%I00070	2#厂变变压器侧闸刀 QS2 分位	状态、控制	OK	
71	%I00071	隔离变闸刀 QS3 合位	状态、控制	OK	
72	%I00072	隔离变闸刀 QS3 分位	状态、控制	OK	
73	%I00073	隔离变闸刀 QS2 合位	状态、控制	OK	
74	%I00074	隔离变闸刀 QS2 分位	状态、控制	OK	
75	%I00075	隔离变闸刀 QS1 合位	状态、控制	OK	
76	%I00076	隔离变闸刀 QS1 分位	状态、控制	OK	
77	%I00077	地区变闸刀 QS1 合位	状态、控制	OK	
78	%I00078	地区变闸刀 QS1 分位	状态、控制	OK	
79	%I00079	地区变闸刀 QS2 合位	状态、控制	OK	
80	%I00080	地区变闸刀 QS2 分位	状态、控制	OK	
81	%I00081	厂区变闸刀 QS1 合位	状态、控制	OK	
82	%I00082	厂区变闸刀 QS1 分位	状态、控制	OK	
83	%I00083	厂区变闸刀 QS2 合位	状态、控制	OK	
84	%I00084	厂区变闸刀 QS2 分位	状态、控制	OK	
85	%I00085	坝区变闸刀 QS1 合位	状态、控制	OK	
86	%I00086	坝区变闸刀 QS1 分位	状态、控制	OK	
87	%I00087	坝区变闸刀 QS2 合位	状态、控制	OK	
88	%I00088	坝区变闸刀 QS2 分位	状态、控制	OK	
89	%I00089	主变纵差保护	事故	OK	
90	%I00090	主变零序电压保护	事故	OK	

续表

序号	I/O 地址	点名定义	性质	通道试验	备注
91	%I00091	主变零序电流保护 t_1	事故	OK	
92	%I00092	主变零序电流保护 t_2	事故	OK	
93	%I00093	主变过电流保护	事故	OK	
94	%I00094	主变重瓦斯保护	事故	OK	
95	%I00095	主变温度过高保护	事故	OK	
96	%I00096	主变压力释放阀	事故	OK	
97	%I00097	主变过负荷	报警	OK	
98	%I00098	主变风扇故障	报警	OK	
99	%I00099	主变 10kV 单相接地	报警	OK	
100	%I00100	主变重瓦斯	报警	OK	
101	%I00101	主变轻瓦斯	报警	OK	
102	%I00102	主变温度升高	报警	OK	
103	%I00103	主变保护装置故障	报警	OK	
104	%I00104	主变开关操作回路断线	报警	OK	
105	%I00105	青电线距离保护	事故	OK	
106	%I00106	青电线零序方向过流 I 段保护	事故	OK	
107	%I00107	青电线零序方向过流 II 段保护	事故	OK	
108	%I00108	青电线零序方向过流 III、IV 段保护	事故	OK	
109	%I00109	青电线重合闸	事故	OK	
110	%I00110	青电线保护装置报警闭锁	报警	OK	
111	%I00111	青电线保护装置异常	报警	OK	
112	%I00112	青电线控制回路断线	报警	OK	
113	%I00113	青电线控制压力下降	报警	OK	
114	%I00114	青电线失电压	报警	OK	
115	%I00115	青电线低周保护	事故	OK	
116	%I00116	青电线低周保护装置故障	报警	OK	
117	%I00117	青电线低周保护装置异常	报警	OK	
118	%I00118	水昌线距离保护	事故	OK	
119	%I00119	水昌线零序方向过流 I 段保护	事故	OK	
120	%I00120	水昌线零序方向过流 II 段保护	事故	OK	
121	%I00121	水昌线零序方向过流 III、IV 段保护	事故	OK	
122	%I00122	水昌线重合闸	事故	OK	
123	%I00123	水昌线保护装置报警闭锁	报警	OK	
124	%I00124	水昌线保护装置异常	报警	OK	

序号	I/O 地址	点名定义	性质	通道试验	备注
125	%I00125	水昌线控制回路断线	报警	OK	
126	%I00126	水昌线控制压力下降	报警	OK	
127	%I00127	水昌线失电压	报警	OK	
128	%I00128	水昌线低周保护	事故	OK	
129	%I00129	水昌线低周保护装置故障	报警	OK	
130	%I00130	水昌线低周保护装置异常	报警	OK	
131	%I00131	1#厂变速断保护	事故	OK	
132	%I00132	1#厂变过流 t_1 保护	事故	OK	
133	%I00133	1#厂变过流 t_2 保护	事故	OK	
134	%I00134	1#厂变零序过流 t_1 保护	事故	OK	
135	%I00135	1#厂变零序过流 t_2 保护	事故	OK	
136	%I00136	1#厂变温度过高保护	事故	OK	
137	%I00137	1#厂变温度升高	报警	OK	
138	%I00138	1#厂变保护装置故障	报警	OK	
139	%I00139	1#厂变控制回路断线	报警	OK	
140	%I00140	2#厂变速断保护	事故	OK	
141	%I00141	2#厂变过流 t_1 保护	事故	OK	
142	%I00142	2#厂变过流 t_2 保护	事故	OK	
143	%I00143	2#厂变零序过流 t_1 保护	事故	OK	
144	%I00144	2#厂变零序过流 t_2 保护	事故	OK	
145	%I00145	2#厂变温度过高保护	事故	OK	
146	%I00146	隔离变温度过高保护	事故	OK	
147	%I00147	2#厂变温度升高	报警	OK	
148	%I00148	隔离变温度升高	报警	OK	
149	%I00149	2#厂变保护装置故障	报警	OK	
150	%I00150	2#厂变开关控制回路断线	报警	OK	
151	%I00151	地区变保护动作	事故	OK	
152	%I00152	地区变保护装置故障	报警	OK	
153	%I00153	地区变开关操作回路断线	报警	OK	
154	%I00154	厂区变保护动作	事故	OK	
155	%I00155	厂区变保护装置故障	报警	OK	
156	%I00156	厂区变开关操作回路断线	报警	OK	
157	%I00157	坝区变保护动作	事故	OK	
158	%I00158	坝区变保护装置故障	报警	OK	

续表

序号	I/O 地址	点名定义	性质	通道试验	备注
159	%I00159	坝区变开关操作回路断线	报警	OK	
160	%I00160	110kV 开关站计算机控制	控制	OK	
161	%I00161	开关站投自动准同期装置	控制	OK	
162	%I00162	PLC 交流电源消失	报警	OK	
163	%I00163	PLC 直流电源消失	报警	OK	
164	%I00164	开关站同期装置故障	报警	OK	
165	%I00165	开关站同期装置电源消失	报警	OK	
166	%I00166	开关站同期控制电源消失	报警	OK	
167	%I00167	厂用电 0.4kVⅡ母线低电压	报警	OK	
168	%I00168	备用	备用	OK	
169	%I00169	主变 110kV 开关计算机控制	控制	OK	
170	%I00170	青电线 110kV 开关计算机控制	控制	OK	
171	%I00171	水昌线 110kV 开关计算机控制	控制	OK	
172	%I00172	110kV 母线差动保护	事故	OK	
173	%I00173	110kV 母差保护装置报警闭锁	报警	OK	
174	%I00174	110kV 母线差动保护装置异常	报警	OK	
175	%I00175	10kV 备自投位置	状态、控制	OK	
176	%I00176	青电线投自动准同期	控制	OK	
177	%I00177	水昌线投自动准同期	控制	OK	
178	%I00178	主变投自动准同期	控制	OK	
179	%I00179	110kV 母线 PT 故障	报警	OK	
180	%I00180	10kV 母线 PT 故障	报警	OK	
181	%I00181	厂用电 0.4kVⅠ母线低电压	报警	OK	
182	%I00182	0.4kV 母联开关动作	报警	OK	
183	%I00183	0.4kV 交流(PT)电源消失	报警	OK	
184	%I00184	0.4kV 控制电源消失	报警	OK	
185	%I00185	10kV 厂坝区母线 PT 故障	报警	OK	
186	%I00186	1#厂变 0.4kV 开关合位	状态、控制	OK	
187	%I00187	1#厂变 0.4kV 开关分位	状态、控制	OK	
188	%I00188	2#厂变 0.4kV 开关合位	状态、控制	OK	
189	%I00189	2#厂变 0.4kV 开关分位	状态、控制	OK	
190	%I00190	0.4kV 母联开关合位	状态、控制	OK	
191	%I00191	0.4kV 母联开关分位	状态、控制	OK	
192	%I00192	0.4kV 厂用电切换计算机控制	控制	OK	

序号	I/O 地址	点名定义	性质	通道试验	备注
3. 开关量输出					
1	%Q00001	主变 110kV 开关合闸	控制	OK	
2	%Q00002	主变 110kV 开关分闸	控制	OK	
3	%Q00003	青电线开关合闸	控制	OK	
4	%Q00004	青电线开关分闸	控制	OK	
5	%Q00005	水昌线开关合闸	控制	OK	
6	%Q00006	水昌线开关分闸	控制	OK	
7	%Q00007	1#厂变 10kV 开关合闸	控制	OK	
8	%Q00008	1#厂变 10kV 开关分闸	控制	OK	
9	%Q00009	2#厂变 10kV 开关合闸	控制	OK	
10	%Q00010	2#厂变 10kV 开关分闸	控制	OK	
11	%Q00011	隔离变 10kV 开关合闸	控制	OK	
12	%Q00012	隔离变 10kV 开关分闸	控制	OK	
13	%Q00013	地区变 10kV 开关合闸	控制	OK	
14	%Q00014	地区变 10kV 开关分闸	控制	OK	
15	%Q00015	厂区变 10kV 开关合闸	控制	OK	
16	%Q00016	厂区变 10kV 开关分闸	控制	OK	
17	%Q00017	坝区变 10kV 开关合闸	控制	OK	
18	%Q00018	坝区变 10kV 开关分闸	控制	OK	
19	%Q00019	1#厂变 0.4kV 开关合闸	控制	OK	
20	%Q00020	1#厂变 0.4kV 开关分闸	控制	OK	
21	%Q00021	主变 110kV 侧闸刀 QS2 合闸	控制	OK	
22	%Q00022	主变 110kV 侧闸刀 QS2 分闸	控制	OK	
23	%Q00023	主变 110kV 母线侧闸刀 QS1 合闸	控制	OK	
24	%Q00024	主变 110kV 母线侧闸刀 QS1 分闸	控制	OK	
25	%Q00025	主变中性点接地刀 QST4 合闸	控制	OK	
26	%Q00026	主变中性点接地刀 QST4 分闸	控制	OK	
27	%Q00027	110kV 母线 PT 闸刀合闸	控制	OK	
28	%Q00028	110kV 母线 PT 闸刀分闸	控制	OK	
29	%Q00029	青电线母线侧闸刀 QS1 合闸	控制	OK	
30	%Q00030	青电线母线侧闸刀 QS1 分闸	控制	OK	
31	%Q00031	青电线线路侧闸刀 QS2 合闸	控制	OK	
32	%Q00032	青电线线路侧闸刀 QS2 分闸	控制	OK	
33	%Q00033	水昌线母线侧闸刀 QS1 合闸	控制	OK	

续表

序号	I/O 地址	点名定义	性质	通道试验	备注
34	%Q00034	水昌线母线侧闸刀 QS1 分闸	控制	OK	
35	%Q00035	水昌线线路侧闸刀 QS2 合闸	控制	OK	
36	%Q00036	水昌线线路侧闸刀 QS2 分闸	控制	OK	
37	%Q00037	投青电线自动准同期	控制	OK	
38	%Q00038	投水昌线自动准同期	控制	OK	
39	%Q00039	投主变自动准同期	控制	OK	
40	%Q00040	开关站自动准同期复归	控制	OK	
41	%Q00041	1♯厂变 0.4kV 开关合闸指示	控制	OK	
42	%Q00042	2♯厂变 0.4kV 开关合闸指示	控制	OK	
43	%Q00043	2♯厂变 0.4kV 开关合闸	控制	OK	
44	%Q00044	2♯厂变 0.4kV 开关分闸	控制	OK	
45	%Q00045	0.4kV 母联开关合闸	控制	OK	
46	%Q00046	0.4kV 母联开关分闸	控制	OK	
47	%Q00047	开关站投自动准同期装置电源	控制	OK	
48	%Q00048	厂用电切换故障指示灯	报警、点灯	OK	

(4)公用 LCU 单元

序号	I/O 地址	点名定义	性质	通道试验	备注
1. 模拟量输入					
1	%AI0001	高压储气罐压力	状态、控制	OK	
2	%AI0002	1♯低压储气罐压力	状态、控制	OK	
3	%AI0003	2♯低压储气罐压力	状态、控制	OK	
4	%AI0004	压力钢管水压	状态	OK	
5	%AI0005	水库上游水位	状态	OK	
6	%AI0006	水库下游水位	状态	OK	
7	%AI0007	拦污栅压差值	状态	OK	
8	%AI0008	渗漏水集水井水位	状态、控制	OK	
9	%AI0009	技术供水池水位	状态、控制	OK	
10	%AI0010	10kV 地区变 I_a	状态	OK	
11	%AI0011	10kV 厂区变 I_a	状态	OK	
12	%AI0012	10kV 坝区变 I_a	状态	OK	
13	%AI0013	10kV 备用线 I_a	状态	OK	
14	%AI0014	110V 直流电压	状态	OK	
15	%AI0015	检修集水井水位	状态、控制	OK	

续表

序号	I/O 地址	点名定义	性质	通道试验	备注
16	％AI0016	备用	备用	OK	
17	％AI0022	110kV 青电线正向有功电度	状态	OK	
18	％AI0024	110kV 青电线反向有功电度	状态	OK	
19	％AI0026	110kV 青电线正向无功电度	状态	OK	
20	％AI0028	110kV 青电线反向无功电度	状态	OK	
21	％AI0037	110kV 水昌线正向有功电度	状态	OK	
22	％AI0039	110kV 水昌线反向有功电度	状态	OK	
23	％AI0041	110kV 水昌线正向无功电度	状态	OK	
24	％AI0043	110kV 水昌线反向无功电度	状态	OK	
25	％AI0052	110kV 主变正向有功电度	状态	OK	
26	％AI0054	110kV 主变反向有功电度	状态	OK	
27	％AI0056	110kV 主变正向无功电度	状态	OK	
28	％AI0058	110kV 主变反向无功电度	状态	OK	
29	％AI0067	♯1 机组正向有功电度	状态	OK	
30	％AI0069	♯1 机组正向无功电度	状态	OK	
31	％AI0071	♯1 机组反向无功电度	状态	OK	
32	％AI0073	♯2 机组正向有功电度	状态	OK	
33	％AI0082	♯2 机组正向无功电度	状态	OK	
34	％AI0084	♯2 机组反向无功电度	状态	OK	
35	％AI0086	0.4kV 厂用电 1 段有功电度	状态	OK	
36	％AI0088	0.4kV 厂用电 2 段有功电度	状态	OK	

2. 开关量输入

序号	I/O 地址	点名定义	性质	通道试验	备注
1	％I00001	高压气电源故障	报警	OK	
2	％I00002	高压气备用泵启动	报警	OK	
3	％I00003	高压储气罐气压过高	报警	OK	
4	％I00004	高压储气罐气压过低	报警	OK	
5	％I00005	1♯高压气机事故	事故	OK	
6	％I00006	2♯高压气机事故	事故	OK	
7	％I00007	1♯高压气机油压高	报警	OK	
8	％I00008	1♯高压气机油压低	报警	OK	
9	％I00009	1♯高压气机Ⅰ级排气压力高	报警	OK	
10	％I00010	1♯高压气机Ⅱ级排气压力高	报警	OK	
11	％I00011	1♯高压气机Ⅲ级排气压力高	报警	OK	
12	％I00012	1♯高压气机Ⅲ级排气压力低	报警	OK	

续表

序号	I/O 地址	点名定义	性质	通道试验	备注
13	％I00013	1＃高压气机油温低	报警	OK	
14	％I00014	1＃高压气机油温高	报警	OK	
15	％I00015	高压气压上限减压阀开启	报警	OK	
16	％I00016	高压气压下限减压阀关闭	报警	OK	
17	％I00017	2＃高压气机油压高	报警	OK	
18	％I00018	2＃高压气机油压低	报警	OK	
19	％I00019	2＃高压气机Ⅰ级排气压力高	报警	OK	
20	％I00020	2＃高压气机Ⅱ级排气压力高	报警	OK	
21	％I00021	2＃高压气机Ⅲ级排气压力高	报警	OK	
22	％I00022	2＃高压气机Ⅲ级排气压力低	报警	OK	
23	％I00023	2＃高压气机油温低	报警	OK	
24	％I00024	2＃高压气机油温高	报警	OK	
25	％I00025	低压气电源故障	报警	OK	
26	％I00026	低压气备用泵启动	报警	OK	
27	％I00027	低压储气罐气压过高	报警	OK	
28	％I00028	低压储气罐压力过低	报警	OK	
29	％I00029	1＃低压气机事故	事故	OK	
30	％I00030	2＃低压气机事故	事故	OK	
31	％I00031	上游水位越限	报警	OK	
32	％I00032	下游水位越限	报警	OK	
33	％I00033	拦污栅堵塞	报警	OK	
34	％I00034	水位测量屏故障	报警	OK	
35	％I00035	直流系统1＃充电装置故障	报警	OK	
36	％I00036	直流系统2＃充电装置故障	报警	OK	
37	％I00037	直流系统调压装置故障	报警	OK	
38	％I00038	直流系统电压异常	报警	OK	
39	％I00039	直流系统绝缘降低	报警	OK	
40	％I00040	直流系统监视装置故障	报警	OK	
41	％I00041	直流系统交流电源消失	报警	OK	
42	％I00042	1＃渗漏排水泵降压启动	控制	OK	
43	％I00043	2＃渗漏排水泵降压启动	控制	OK	
44	％I00044	1＃检修排水泵降压启动	控制	OK	
45	％I00045	2＃检修排水泵降压启动	控制	OK	
46	％I00046	备用	备用	OK	

序号	I/O 地址	点名定义	性质	通道试验	备注
47	％I00047	备用	备用	OK	
48	％I00048	备用	备用	OK	
49	％I00049	备用	备用	OK	
50	％I00050	备用	备用	OK	
51	％I00051	备用	备用	OK	
52	％I00052	渗漏排水电源故障	报警	OK	
53	％I00053	渗漏排水备用泵未投入	报警	OK	
54	％I00054	渗漏排水水位过高	报警	OK	
55	％I00055	1♯渗漏排水泵启动	控制	OK	
56	％I00056	1♯渗漏排水泵故障	报警	OK	
57	％I00057	2♯渗漏排水泵启动	控制	OK	
58	％I00058	2♯渗漏排水泵故障	报警	OK	
59	％I00059	检修排水备用泵投入	报警	OK	
60	％I00060	检修排水电源故障	报警	OK	
61	％I00061	1♯检修排水泵启动	控制	OK	
62	％I00062	1♯检修排水泵故障	报警	OK	
63	％I00063	2♯检修排水泵启动	控制	OK	
64	％I00064	2♯检修排水泵故障	报警	OK	
65	％I00065	技术供水备用泵启动	控制	OK	
66	％I00066	技术供水电源故障	报警	OK	
67	％I00067	通讯系统故障	报警	OK	
68	％I00068	发生火灾	报警	OK	
69	％I00069	PLC 交流电源消失	报警	OK	
70	％I00070	PLC 直流电源消失	报警	OK	
71	％I00071	1♯高压气机计算机控制	控制	OK	
72	％I00072	2♯高压气机计算机控制	控制	OK	
73	％I00073	高压气机减压阀计算机控制	控制	OK	
74	％I00074	1♯低压气机计算机控制	控制	OK	
75	％I00075	2♯低压气机计算机控制	控制	OK	
76	％I00076	低压气公用部分计算机控制	控制	OK	
77	％I00077	备用	备用	OK	
78	％I00078	1♯渗漏排水泵计算机控制	控制	OK	
79	％I00079	2♯渗漏排水泵计算机控制	控制	OK	
80	％I00080	渗漏排水公用部分计算机控制	控制	OK	

续表

序号	I/O 地址	点名定义	性质	通道试验	备注
81	％I00081	1#检修排水泵计算机控制	控制	OK	
82	％I00082	2#检修排水泵计算机控制	控制	OK	
83	％I00083	技术供水泵计算机控制	控制	OK	
84	％I00084	中央音响信号电源消失	报警	OK	
85	％I00085	中央音响事故信号	报警	OK	
86	％I00086	1#高压气机启动	控制	OK	
87	％I00087	2#高压气机启动	控制	OK	
88	％I00088	1#低压气机启动	控制	OK	
89	％I00089	2#低压气机启动	控制	OK	
90	％I00090	1#技术供水泵停止	控制	OK	节点取反
91	％I00091	2#技术供水泵启动	控制	OK	
92	％I00092	1#高压气机电源故障	报警	OK	
93	％I00093	2#高压气机电源故障	报警	OK	
94	％I00094	备用	备用	OK	
95	％I00095	备用	备用	OK	
96	％I00096	备用	备用	OK	

3.开关量输出

序号	I/O 地址	点名定义	性质	通道试验	备注
1	％Q00001	1#高压气机启动	控制	OK	
2	％Q00002	1#高压气机排液电磁阀动作	控制	OK	
3	％Q00003	1#高压气机加热器启动	控制	OK	
4	％Q00004	1#高压气机事故停机	控制	OK	
5	％Q00005	2#高压气机启动	控制	OK	
6	％Q00006	2#高压气机排液电磁阀动作	控制	OK	
7	％Q00007	2#高压气机加热器启动	控制	OK	
8	％Q00008	2#高压气机事故停机	控制	OK	
9	％Q00009	高压气机减压阀控制	控制	OK	
10	％Q00010	1#低压气机启动	控制	OK	
11	％Q00011	1#低压气机泄水电磁阀动作	控制	OK	
12	％Q00012	2#低压气机启动	控制	OK	
13	％Q00013	2#低压气机泄水电磁阀动作	控制	OK	
14	％Q00014	低压气压力恢复停机	控制	OK	
15	％Q00015	低压储气罐压力过高停机	控制	OK	
16	％Q00016	备用	备用	OK	
17	％Q00017	备用	备用	OK	

序号	I/O 地址	点名定义	性质	通道试验	备注
18	％Q00018	公用 PLC 运行状态（通讯方式）	状态	OK	
19	％Q00019	备用	备用	OK	
20	％Q00020	备用	备用	OK	
21	％Q00021	备用	备用	OK	
22	％Q00022	1＃渗漏排水泵电磁阀动作	控制	OK	
23	％Q00023	1＃渗漏排水泵降压启动	控制	OK	
24	％Q00024	1＃渗漏排水泵全压启动	控制	OK	
25	％Q00025	2＃渗漏排水泵电磁阀动作	控制	OK	
26	％Q00026	2＃渗漏排水泵降压启动	控制	OK	
27	％Q00027	2＃渗漏排水泵全压启动	控制	OK	
28	％Q00028	1＃检修排水泵降压启动	控制	OK	
29	％Q00029	1＃检修排水泵全压启动	控制	OK	
30	％Q00030	2＃检修排水泵降压启动	控制	OK	
31	％Q00031	2＃检修排水泵全压启动	控制	OK	
32	％Q00032	技术水泵 1＃泵启动	控制	OK	
33	％Q00033	技术水泵 2＃泵启动	控制	OK	
34	％Q00034	备用	备用	OK	
35	％Q00035	备用	备用	OK	
36	％Q00036	备用	备用	OK	
37	％Q00037	备用	备用	OK	
38	％Q00038	公用 PLC 内部故障指示灯	状态	OK	
39	％Q00039	备用	备用	OK	
40	％Q00040	备用	备用	OK	
41	％Q00041	中央音响试验	控制	OK	
42	％Q00042	中央音响确认	控制	OK	
43	％Q00043	高压空压机故障指示灯	报警、点灯	OK	
44	％Q00044	低压空压机故障指示灯	报警、点灯	OK	
45	％Q00045	渗漏水泵故障指示灯	报警、点灯	OK	
46	％Q00046	检修水泵故障指示灯	报警、点灯	OK	
47	％Q00047	备用指示灯	备用	OK	
48	％Q00048	技术水泵故障指示灯	报警、点灯	OK	

3. LCU 各子系统联动试验

序号	项　目	试验性质	试验时间	试验情况	试验结果	备注
1.1# 机组 LCU 单元						
1	1# 机组油压装置	联动	2006 年 1 月 20 日	OK	具备机组动态试验条件	
2	1# 机组蝶阀系统	联动	2006 年 1 月 19 日	OK	具备机组动态试验条件	
3	1# 技术供水电动阀	联动	2003 年 4 月 27 日	OK	具备机组动态试验条件	
4	1# 机组制动闸	联动	2006 年 1 月 19 日	OK	具备机组动态试验条件	
5	1# 机组灭磁开关	联动	2006 年 4 月 27 日	OK	具备机组动态试验条件	
6	调速器装置	联动	2006 年 4 月 28 日	OK	具备机组动态试验条件	
7	1# 机组发电机开关	联动	2006 年 4 月 27 日	OK	具备机组动态试验条件	
2.2# 机组 LCU 单元						
1	2# 机组油压装置	联动	2003 年 4 月 28 日	OK	具备机组动态试验条件	
2	2# 机组蝶阀系统	联动	2003 年 4 月 28 日	OK	具备机组动态试验条件	
3	2# 技术供水电动阀	联动	2003 年 4 月 28 日	OK	具备机组动态试验条件	
4	2# 机组制动闸	联动	2003 年 4 月 28 日	OK	具备机组动态试验条件	
5	2# 机组灭磁开关	联动	2003 年 4 月 28 日	OK	具备机组动态试验条件	
6	2# 机组发电机开关	联动	2003 年 4 月 28 日	OK	具备机组动态试验条件	
3. 公用 LCU 单元						
1	低压空压机系统	联动	2003 年 4 月 29 日	OK	可以投运	
2	高压空压机系统	联动	2003 年 4 月 29 日	OK	可以投运	
5	厂房渗漏排水系统	联动	2003 年 4 月 29 日	OK	可以投运	
6	厂房检修排水系统	联动	2003 年 4 月 29 日	OK	可以投运	
7	消防生活供水系统	联动	2003 年 4 月 29 日	OK	可以投运	

4. LCU 各系统动态试验

序号	项　目	试验性质	试验时间	试验情况	试验结果	备注
1.1# 机组 LCU 单元						
1	1# 机组开启/关闭蝶阀	动态	2006 年 1 月 20 日	OK	可以投运	
2	1# 机组开机	动态	2006 年 1 月 21 日	OK	可以投运	含各状态转换
3	1# 机组停机	动态	2006 年 1 月 22 日	OK	可以投运	含各状态转换
4	1# 机组事故停机	动态	2006 年 1 月 23 日	OK	可以投运	
5	1# 机组紧急停机	动态	2006 年 1 月 24 日	OK	可以投运	
2.2# 机组 LCU 单元						
1	2# 机组开启/关闭蝶阀	动态	2003 年 4 月 28 日	OK	可以投运	

序号	项　　目	试验性质	试验时间	试验情况	试验结果	备注
2	2#机组开机	动态	2003 年 4 月 28 日	OK	可以投运	含各状态转换
3	2#机组停机	动态	2003 年 4 月 28 日	OK	可以投运	含各状态转换
4	2#机组事故停机	动态	2003 年 4 月 28 日	OK	可以投运	
5	2#机组紧急停机	动态	2003 年 4 月 28 日	OK	可以投运	
4. 公用 LCU 单元						
1	低压空压机系统	动态	2003 年 4 月 29 日	OK	可以投运	
2	高压空压机系统	动态	2003 年 4 月 29 日	OK	可以投运	
5	厂房渗漏排水系统	动态	2003 年 4 月 29 日	OK	可以投运	
6	厂房检修排水系统	动态	2003 年 4 月 29 日	OK	可以投运	
7	消防生活供水系统	动态	2003 年 4 月 29 日	OK	可以投运	

五、问题讨论

1. 水电站计算机监控系统的试验和验收可分为哪些类型？

2. DL/T822—2002《水电厂计算机监控系统试验验收规程》中规定对水电站计算机监控系统设备进行试验、验收的基本项目及试验方法有哪些？

3. 对计算机监控系统进行测试应具备哪些条件？

4. 如何对计算机监控系统中的开入量进行测试？

5. 对电站主控层系统计算机操作界面进行功能检查时,主要检查哪些操作界面？

项目二　水电站计算机控制系统的维护与故障处理

◆ **学习目标**

通过本项目的学习与训练能够让学员：

1. 掌握计算机监控系统设备巡检和维护的主要内容
2. 学会对水电站计算机监控系统进行日常维护
3. 了解水电站计算机监控系统常见的故障及处理方法
4. 学会正确诊断并及时处理水电站计算机监控系统中出现的故障

任务1　计算机监控系统的维护

一、任务目标

掌握计算机监控系统设备巡检和维护的主要内容；学会对水电站计算机监控系统进行日常维护。

二、相关知识

在 DL/T 1009-2006《水电厂计算机监控系统运行及维护规程》中规定了对水电厂计算机监控系统设备进行维护管理的方法。

1. 一般规定

（1）监控系统的维护采取授权方式进行。权限分为系统管理员和一般维护人员。

（2）系统管理员负责监控系统的账户、密码管理和网络、数据库、系统安全防护的管理。监控系统中的其他维护工作,可由一般维护人员完成。

（3）所有账户及其口令的书面备份应密封后交上级部门保存,以备紧急情况下使用。

（4）对监控系统模拟量限值、模拟量量程、保护定值的修改,应持技术管理部门审定下发的定值通知单进行。

（5）对监控系统所作的维护、缺陷处理、技术改进等工作应设置专用台账并及时纪录相关内容。

（6）对监控系统软件的修改,应制定相应的技术方案并经技术管理部门审定后执行。修改后的软件应经过模拟测试和现场试验,合格后方可投入正式运行。实施软件改进前,应对当前运行的应用软件进行备份并做好记录。改进实施完成后,应做好最新应用软件的备份,及时更新软件功能手册及相关运行手册。若软件改进涉及多台设备,且不能一次完成时,宜采用软件改进跟踪表,以便跟踪记录改进的实施情况。

(7)遇到硬件设备需要更换时,应使用经通电老化处理检测合格的备件。

(8)更换硬件设备时,应采取防设备误动、防静电措施,并做好相关纪录,更新相关台账。

(9)当与对外通信及与调度高级应用软件相关的硬、软件需要更新时,应取得对方的许可后方可进行。

2. 设备巡检

(1)设备巡检每周至少应进行一次。

(2)检查的主要内容如下:

①检查计算机房空调设备运行情况和机房、设备盘柜内(运行中不允许开启的除外)的温度、湿度是否在规定的范围内。

②检查监控系统各设备工作状态指示是否正常。

③检查监控系统网络运行是否正常

④检查监控系统时钟是否正常,各设备的时钟是否同步。

⑤检查监控系统 UPS 电源的输入电压、输出电压、输出电流、频率等是否正常。

⑥检查设备、盘柜冷(通风)风机(扇)运行是否正常。

⑦清扫监控系统设备外表灰尘。

⑧监控系统内部通信及系统与外部通信是否正常。

⑨检查自动发电控制、自动电压控制软件工作是否正常。

⑩检查画面调用、报表生成与打印、报警及事件打印、屏拷等功能是否正常。

⑪检查实时数据刷新、事件、报警是否正常。

⑫检查由监控系统驱动的模拟显示屏显示是否正常。

⑬审计、分析、监察操作系统、数据库、安全防护系统日志是否正常,有无非法登录或访问纪录。

⑭检查数据备份装置是否正常工作(如磁带机、磁光盘等)。

⑮检查计算机设备的磁盘空间,及时清理文件系统,保持足够的磁盘空间裕量。

⑯检查计算机设备 CPU 负荷率、内存使用情况、应用程序进程或服务的状态。

3. 设备维护

(1)设备定期维护每季度至少应进行一次。

(2)对监控系统的维护,除了完成定期巡检的内容外,还应包括以下内容:

①主、备用设备的定期轮换。

②对设备进行停电清灰除尘。

③检查磁盘空间,清理文件系统。

④软件、数据库及文件系统备份。

⑤数据核对。

⑥病毒扫查及防病毒代码库升级。

(3)电站主控层设备的维护应包含以下内容:

①对电站主控层计算机主机及网络设备应每年进行停电除尘一次。

②对冗余配置的电站主控层设备宜每半年冷启动一次,以消除因为由于系统软件的隐含缺陷对系统运行产生的不利影响。对于未作冗余配置的电站主控层设备,在做好完备的安全措施以后方可冷启动。

③对计算机附属的光盘驱动器、软盘驱动器、磁带机等应使用专用清洁工具进行清洁;对显示器、键盘、鼠标(跟踪器)的清洁宜每月进行一次。

④检查通信软件的运行情况,进行数据核对,以确保数据通信的正确。

⑤检查机组运行监视程序工作的正确性(如设备自动故障切换、设备定时倒换等运行监视功能)。

⑥检查语音报警功能的工作情况(含 SMS 短信功能、电话语音报警功能)。

⑦定期做好应用软件的备份工作。软件改动后应立即进行备份,在软件无改动的情况下,宜每年备份一次,备份介质应实行异地存放。

⑧应做好软件版本的管理工作,确保保存最近三个版本的软件。固化类软件应确保无误后再投入运行。

⑨检查计算机监控系统运行监视与保护程序的限(定)值的设置情况。

⑩对数据库、文件系统进行备份,若备份工作由计算机自动完成,则应检查自动备份完成情况。

⑪对电站主控层计算机系统进行病毒扫查。防病毒系统代码库的升级每周应进行一次,并采用专用的设备和存储介质,离线进行。

⑫检查 UPS 系统,宜每年对蓄电池进行一次充放电维护。

(4)现地控制单元的维护应包含以下内容:

①现地控制单元设备应每年进行停电除尘一次。

②定期备份现地控制单元软件,无软件修改的备份一年一次,有软件修改的,修改前后各备份一次。

③冗余配置的现地控制单元(含冗余配置的 CPU 模块)应每半年进行一次主备切换。

④现地控制单元随被监控的设备定检进行相应的检查和维护,主要内容包括:

a. 现地控制单元工作电源检测并试验。

b. 电源风机、加热除湿设备检查和处理。

c. 模拟量输入模块通道校验。

d. 模拟量输出模块通道校验。

e. 开关量输入模块通道校验。

f. 开关量输出模块校验。

g. 事件顺序记录模块通道校验。

h. 脉冲计数模块检查校验。

i. 各类通信模块配置检查、测试。

j. 网络连接线缆、现场总线的连通性和衰减检测。

k. 光纤通道(含备用通道)衰减检测。

l. 现地控制单元与远程 I/O 柜的连接、通信检查与处理。

m. 现地控制单元与电站主控层通信通道的检查与处理。

n. 现地控制单元与其他设备的通信检查与处理。

o. I/O 接口连线检查、端子排螺钉紧固。

p. I/O 接口连线绝缘检查。

q. 控制流程的检查与模拟试验。

r. 监视与控制功能模拟试验。

s. 时钟同步测试。

t. 事件顺序记录模块事件分辨率测试。

三、技能训练

以某小型水电站计算机监控系统的维护为例进行技能训练,训练内容如下。

1. 上位机系统日常维护

(1)维护内容

①做好数据备份工作。NJK2001 记录了整个电站近 90 天的历史数据和系统事件。为保障历史数据库的完整性,应做好日常数据备份。溢出时间数据和事件记录系统将自动删除。

②做好日常防尘、保洁工作,保障工控机正常运行。

③定期检查通讯线路,禁止在通电情况下插拔通讯接头,以防通讯口损坏。

④为提高 CPU 利用率,禁止运行游戏,以免 NJK2001 运行缓慢或死机。

(2)注意事项

①工控机电源开启注意:工控机开关面板上有三个键即电源开关键、键盘锁定键和硬盘锁定键,锁定后重复按其键解锁。

②UPS 供电注意:若 UPS 发出声响提示,表明电源异常。

③禁止在启动栏中删除 Alarm.exe 和 Dcomm.exe 程序。

2. 现地控制单元日常维护

中控室应保证通风良好,现地设备应保持干燥、清洁。一般情况下,在对现地设备进行日常维护时,应切断操作电源或者在确认对该设备进行日常维护时,不会对其他设备或人员产生危害。触摸屏屏面清洁保养时,应切断触摸屏的工作电源,并用干燥的抹布轻轻除去上面的灰尘,切勿用力过大。

四、问题讨论

1. 设备巡检的主要内容有哪些?

2. 电站主控层设备的维护主要包含哪些内容?

3. 现地控制单元的维护主要包含哪些内容?

任务 2　常见故障诊断与分析

一、任务目标

了解水电厂计算机监控系统常见的各种故障情况及相应的处理方法;学会对实际中出

现的故障进行正确的诊断并给出及时有效的处理方法。

二、相关知识

在 DL/T 1009-2006《水电厂计算机监控系统运行及维护规程》中规定了对水电厂计算机监控系统的常见故障及处理方法,具体如下。

1. 电站主控层设备与现地控制单元数据通信故障处理

(1)模拟量或开关量单点数据异常

①在电站主控层设备侧退出与该异常数据点相关的控制与调节功能。

②检查对应现地控制单元的数据采集模块。

③检查变送器、模拟量采集板、I/O 板、通道光隔等硬件设备。

④必要时,做好相关安全措施后在现地控制单元侧重启通信进程。

(2)电站主控层设备与现地控制单元通信中断

①退出与该现地控制单元相关的控制与调节功能。

②检查厂站与对应现地控制单元通信进程。

③检查现地控制单元工作状态。

④检查现地控制单元网络接口模件及相关网络设备。

⑤检查通信连接介质。

⑥必要时,做好相关安全措施后在电站主控层设备和现地控制单元侧分别重启通信进程。

2. 厂站与调度数据通信故障处理

(1)部分遥信、遥测数据异常

①调度值班人员应立即通知对侧运行值班人员,两端应分别联系维护人员共同进行处理。

②退出与异常数据点相关的控制与调节功能。

③检查对应现地控制单元数据采集通道情况。

④检查相关数据通信进程及通信数据配置表。

⑤必要时,做好相关安全措施后在现地控制单元侧重启通信进程。

(2)厂站与调度数据通信中断

①发现厂站与调度数据通信中断,调度值班人员应立即通知对侧运行值班人员,两端应分别联系维护人员共同进行处理。

②在调度侧退出与该厂站数据通信相关的控制与调节功能。

③检查数据通信链路,包括通信处理机、网关机、路由器、防火墙、光/电收发器、通信线路等工作状况。

④在两侧分别检查通信进程所在机器的操作系统、通信进程、通信协议的工作状态和日志。

⑤必要时,做好相关安全措施后在两侧重启通信进程。

3. 测点异常处理

(1)模拟量测点异常

①退出与该测点相关的控制与调节功能。

②采用标准信号源检测对应现地控制单元模拟量采集通道是否正常。

③检查相关电量变送器或非电量传感器是否正常。

④检查数据库中相关模拟量组态参数(如工程值范围、死区值等)是否正常。

(2)温度量测点异常

①退出与该测点相关的控制与调节功能。

②用标准电阻检验对应现地控制单元温度量测点采集通道是否正常。

③检查温度传感元件。

④检查现地控制单元数据库中相关温量的组态参数(如工程值范围、死区值等)是否正确。

(3)开关量测点异常

①退出与该测点相关的控制与调节功能。

②短接或开断对应现地控制单元开关量采集通道以检测模块是否正常。

③检查现场开关量输入回路是否短接或断线。

④检查现场设备是否正常。

4.控制、调节异常处理

(1)控制操作命令无响应

①检查操作员工作站 CPU 资源占用情况。

②检查监控系统网络通信是否正常。

③检查相关控制流程是否出错。

④检查联动设备动作条件是否满足。

⑤检查相关对象是否定义了不正确的约束条件。

(2)系统控制命令发出后现场设备拒动

①检查开关量输出模块是否故障。

②检查开关量输出继电器是否故障。

③检查开关量输出工作电源是否未投入或故障。

④检查柜内接线是否松动以及控制回路电缆或连接是否故障。

⑤检查被控设备本身是否故障(含控制、电气、机械)。

(3)系统控制调节命令发出后现场设备动作不正常

①检查现场被控设备是否故障。

②检查控制输出脉冲宽度是否正常。

③检查调节参数设备是否合适。

(4)控制流程退出

①检查相应判据条件是否出现测值错误。

②检查判据条件所对应的设备状态是否不满足控制流程要求。

③检查判据条件限值是否错误。

(5)机组有功、无功功率调节异常处理

①退出该机组自动发电控制、自动电压控制,退出该机组的单机功率调节功能。

②检查调节程序保护功能(如负荷差保护、调节最大时间保护、定子电流和转子电流保护等)是否动作。

③检查现地控制单元有功、无功功率控制调节输出通道(包括 I/O 通道和通信通道)是否工作正常。

④检查调速器或励磁调节器工作是否正常。

(6)机组自动退出自动发电控制、自动电压控制

①检查调速器是否故障。

②检查励磁装置是否故障。

③检查机组给定值调节是否失败或超调。

④检查是否因测点错误而出现机组状态不明的现象。

⑤检查机组现地控制单元是否故障。

⑥检查机组现地控制单元与电站主控层设备之间的通信是否中断。

5. 报表及事件记录异常处理

(1)不能打印报表、报警列表、事件列表

①检查打印机是否缺纸、打印介质是否需更换。

②检查打印机自检是否正常。

③检查打印队列是否阻塞。

(2)部分现地控制单元报警事件显示滞后

①检查事件列表,确认其他节点的事件正常。

②检查对应现地控制单元时钟是否同步。

③检查对应现地控制单元是否出现事件、报警异常频繁。

④检查对应现地控制单元 CPU 负荷率。

⑤检查对应现地控制单元网络节点网络通信负荷。

(3)报表无法正常自动生成

①检查历史数据库的数据采集功能。

②检查报表自动生成进程工作是否正常。

③检查报表自动生成定义是否正确。

三、技能训练

在发电厂仿真实训中心进行技能训练,教师通过仿真设备和系统设置故障,学生通过故障排查页面进行故障排除,学生机的故障排查页面如下:

学生排查故障如下:

(1)通过输入状态或者其他界面得到当前故障名称。

(2)查找图纸,寻找该故障名称在机柜上对应的输入端子。

(3)进入故障排查界面,选择找到的端子号,点击"选择按钮"。

(4)如果选择正确,上位机画面将显示对应故障已经消失。

注:只有分配了可写权限的学生机才可以让命令成功下发。

四、案例分析

以 NJK2001 系统为例分析其在某电站中碰到的故障及其排除方法。

1. 上位机系统的常见故障分析与处理

(1)实时报表数据刷新缓慢或不变化。

可能原因:NJK2001 软件意外停止运行或 Windows 2000 运行出错。

处理方法:① 重启 NJK2001:a. 在实时报表窗口,鼠标单击画面索引,在弹出的画面索引窗口中鼠标单击退出;b. 在任务栏鼠标右击后台程序,完成退出 NJK2001;c. 在开始菜单中,鼠标单击启动栏 Dcomm.exe;d. 在 Windows 桌面上,鼠标双击 NJK2001 计算机监控系统,启动 NJK2001。② 重启 Windows 2000:先退出 NJK2001,然后重新启动 Windows 2000,Windows 2000 启动完成后,再启动 NJK2001 监控系统,并显示画面索引窗口。

(2)打印机打印不全,甚至打印失真。

可能原因:未安装打印驱动程序。

处理方法:① 鼠标指针指向 Windows 2000 桌面开始菜单中的设置;② 继续移向子菜单,指向打印机并单击;③ 出现打印机窗口,双击添加打印机;④ 显示打印机设置窗口,根据向导配置打印机;⑤ 把打印机驱动程序光盘放入光驱;⑥ 在向导中选择从磁盘安装;⑦ 完成打印机驱动安装,设定为默认打印机。

(3)电脑指示灯不亮,电脑不能开启。

可能原因:① 电脑主机电源线接触不良;② 电源总开关没有打开;③ UPS 不间断电源没有运行或发生故障。

处理方法:① 重新插好电脑主机电源线;② 电源总开关打开;③ 开启 UPS 不间断电源,如 UPS 故障则应及时修理。

(4)监控系统界面上没有数据显示,输入点状态界面各点都显示黑色,并且没有刷新。

可能原因:在打开监控系统界面之前,未运行 Dcomm.exe。

处理方法:退出监控系统界面,然后重新进入系统或重新启动电脑让监控系统自动打开。

(5)系统界面上数据都为 0,输入点状态界面各点都显示绿色,并且没有刷新。

可能原因:电脑主机或设备端的串口通讯线接触不良;控制屏柜 PLC 没有上电或仪表不在工作状态。

处理方法:检查串口通讯线路和插头;检查设备完好,给控制屏柜通电并使仪表处于工作状态。

(6)系统界面上数据不全为 0,但是数据没有刷新,包括输入点状态界面在内的各点状态显示都没有刷新。

可能原因:关闭了后台程序。

处理方法:退出监控系统界面,重新进入系统或重新启动电脑让监控系统自动打开。

(7)主机运行指示灯亮,但是显示器没有任何显示,为黑屏,其电源指示灯也不亮。

可能原因:显示器电源开关没有打开或显示器没有通电。

处理方法:给显示器正常通电并打开显示器电源开关。

(8)主机运行指示灯亮,显示器电源指示灯也亮,但是屏幕没有显示。

可能原因:显示器通道选择错误。

处理方法:将显示器通道设为 A 通道或默认通道,具体操作可查看显示器说明书。

2. 现地控制单元的常见故障分析与处理

(1)系统故障概述

①现地控制单元与上位机通信中断。当现地控制单元某一设备与上位机通信中断时(若上位机上没有该设备的信息),根据电气原理图可先查看控制台下的通信插头是否松开。若没松开,则查看该通信插头与屏柜端子以及屏柜端子与设备通信端子之间的连线是否完好;若以上都正常,一般是该设备的通信模块出现故障。

②现地某一装置失电。当现地某一装置出现失电故障时,可根据电气原理图先查看提供给该装置电源的空气开关或熔丝是否完好;再检查该装置的连线是否完好;最后检查该装置是否正常。

③现地某一装置发生故障(指装置本身的故障)。当报警信号响起时,在确认是某一现地器件发生的故障时,譬如指的是调速器油压偏低,可先到现地查看油压指示装置(电接点压力表),确认该点油压是否正常;然后从触摸屏"输入状态指示画面"找到该点,确认该点是否接通,正常时该点蓝色信号指示灯应不亮,否则表明线路有问题。一般情况下,该点处于已接通状态(蓝色信号指示灯不亮),此时可根据电气原理图分别去检查现地装置输出点及该装置到 PLC 输入点间的线路是否正常,若是装置本身故障,应检修或更换该装置。其他装置发生故障时检查方法与此类同。

④现地某一装置发生故障时的应急处理。当检查出是现地某一装置发生故障(指装置本身的故障),而在短时间内无法修复或找到替换的装置,在确认该装置的故障不会影响发变组的运行时,可做一些应急处理。譬如,水导示流信号装置发生故障而无法正常开机时,若确认实际示流是正常的,可暂时将示流信号装置输出点短接,等有同类装置替换后,切记恢复短接点。其他装置发生故障时亦可效仿,但是需注意:必须确认该装置的故障不会影响发变组的运行。

(2)常见故障的分析与处理

1)故障现象:在触摸屏主操作画面按下相应的操作按钮后,上位机消息框中有相关的信息,但现场设备却不动作。例如,按下"发电"按钮后,上位机消息框中有"正在执行发电令"字样显示,而机组没转起来。

可能原因:输出继电器回路电源没合上。

处理方法：① 先将发变组 1♯LCU 屏柜后面标注有"PLC、开关电源"字样的空气开关(ZK3)断电一下再合上(复归 PLC 命令，防止误动作)。② 检查屏柜后面标注有"PLC 输出"字样的空气开关(ZK5)是否在合上的位置。③ 确认在合上位置后，再进行相关的操作。

2)故障现象：机组处于并网发电运行状态时，装置电源指示正常，而仪表数据显示为零。例如转速信号装置数字显示为"0000"。

可能原因：测频电压信号没输入。

处理方法：① 根据电气原理图，在转速信号装置触点为(2,12)中，用万用表测量是否有 100 V 以下的交流电压。② 如果有 100 V 以下的交流电压，表示有信号输入，则可确认是装置故障；如果测量结果为零，则根据电气原理图，在发变组 LCU 屏左侧的"CTPT"端子号中，继续用万用表测量是否有交流电压。③ 如果测量结果也为零，则检查从高压开关室至发变组 LCU 屏左侧端子之间的电缆是否完好，查看高压熔丝是否烧掉(同时注意安全)。

3)故障现象：双供不间断交流电源逆变正常，直流电压输入也正常，有交流电压输入，而蜂鸣器一直报警。

可能原因：交流电压输入过高。

处理方法：查看电压表(1 V)中的电压是否超过 270 V(此时双供不间断交流电源其中一项的保护功能——交流输入过压保护启动)，如果超过了 270 V，则蜂鸣器会一直报警，直到交流电压输入低于 270 V 以下，装置会自动停止报警。

4)故障现象：机组达到了空载态后，微机准同期装置没投入。

可能原因：机组电压没达到 90%。

处理方法：① 在发变组 LCU 触摸屏的主操作画面上，先把功率调节方式切换到"手动调节"，然后按"励磁增"触摸键来调节机组电压。② 在励磁屏面上用"励磁增/减"控制开关调节机组电压(注意：在调节电压时，要时刻查看机组电压，不要调节幅度过大，而产生机组事故)。

5)故障现象：同期启动后，3 min 计时时间到，并网失败，同期退出并报警。

可能原因：系统侧电压没投入(线路断路器没合上)或待并侧的机组电压和频率变化太大，无法达到同期条件。

处理方法：① 机组并网失败，自动退回到空载状态，此时合上线路侧断路器，再重新启动"发电令"进行同期并网。② 待励磁和调速器稳定机组电压和频率后，再重新启动"发电令"进行同期并网。

6)现象：触摸屏经过 3 min 后，面板上的电源指示灯亮，而屏幕不亮。

可能原因：触摸屏的屏幕保护程序启动了(此不属于故障)。

处理方法：在触摸屏上的任一位置轻触一下即可。注意：轻触屏幕四个角落的位置，以防止误操作。

3. 发变组 LCU"手动调节"与"自动调节"

发变组 LCU 默认为"自动调节"状态，当发电机与电网并网后，若需按给定的功率发电，则采用此工作方式；如果要切换到"手动调节"，则需按触摸屏上的"手动调节"触摸键以切换到"手动调节"位置，此时触摸键显示为红色。

4. 使用注意事项

（1）开机前

①检查并确保所有机械方面已经准备好；检查并确保所有的交直流控制电源已经投上；检查并确保触摸屏光字牌无任何报警。

②检查控制台下的 UPS 交流输入的空气开关是否合上。检查发变组 LCU 屏和公用 LCU 屏的 DC 24V 电源、PLC、PM 130E、电量和非电量变送器及微机发变组保护装置、微机线路保护装置电源是否投入。若没有，则通过屏后的空气开关将各路电源分别投入。

③同步检查继电器选择开关在"投入"位置。

④检查开机准备灯是否亮，若不亮，则通过现地或上位机检查开机条件是否满足。

⑤检查触摸屏主操作画面是否在"自动调节"状态（默认在此状态）。

（2）运行过程中

①开机并网后，通过计算机"遥调"菜单设定发变组运行方式及运行负荷。

②当运行过程中出现报警信息时，值班人员应及时查看出现报警信息的原因，并做出相应措施。

③当调速器出现测频故障时（调速器将自动切换到手动控制状态），水电站计算机监控系统将无法实现有功的自动调节，运行人员要注意监视有功的变化情况，此时的调节只能通过调速器手动实现。若在此时要进行停机操作，须在计算机或触摸屏上发"停机"令，再去手动操作减负荷，这样可自动实现分闸，否则只能通过手动分闸。出现此情况时请特别注意。

④当出现紧急情况时可按 LCU 屏上"紧停"按钮实现紧停，紧停完成后须在触摸屏上按"紧停复归"按钮实现紧停复归。

⑤在并网过程中，若忘记合上直流屏中合闸电源，此时特别注意：要先复归断路器控制回路电源，即到相应发变组 LCU 屏中，找到"ZK3"空气开关，断电一下，再合上，然后再去直流屏合上合闸电源，否则有可能造成非同期合闸。

五、问题讨论

1. 若计算机监控系统模拟量测点出现异常，应如何进行处理？

2. NJK2001 系统界面上数据都为 0，输入点状态界面各点都显示绿色，并且没有刷新，为什么会出现上述异常？应如何处理？

3. 在现地控制单元触摸屏主操作画面按下相应的操作按钮后，上位机消息框中有相关的信息，但现场设备却不动作。请判断出现上述异常情况的原因是什么？处理的方法是什么？

4. 同期启动后，3 min 计时时间到，并网失败，同期退出并报警。请问导致出现上述异常情况的原因是什么？并给出正确的处理方法。

项目三 水电站计算机监控系统的操作

◆ 学习目标

通过本项目的学习与训练能够让学员：

1. 了解老石坎水电站计算机监控系统的结构、组成设备和功能

2. 了解老石坎水电站计算机监控系统上位机软件的构成

3. 学会对上位机软件系统的各个界面进行操作

4. 学会对现地控制单元进行各项功能操作

任务1 水电站计算机监控上位机系统的操作

一、任务目标

通过学习，掌握老石坎水电站计算机监控系统的结构、组成设备和功能；了解上位机软件的构成，学会操作上位机软件的各个界面。

二、相关知识

1. 老石坎水电站计算机监控系统概述

老石坎水电站位于浙江省安吉县境内，属于小型水电站。它有两台水轮发电机组，1#水轮发电机组有功功率为 2500 kW，2# 水轮发电机组有功功率为 1000 kW，全厂采用NJK2001 型水电站计算机监控系统，该系统由杭州南望自动化技术有限公司研制和开发。老石坎水电站采用计算机监控后，实现了少人值班(无人值守)的目标，提高了水电站运行的经济性、可靠性和安全性，降低了运行人员的劳动强度，减少了水电站自动控制设备的安装调试时间以及设备占地面积，提高了水电站的自动化水平和运行管理水平，同时使水电站的技术水平上升到一个较高的层次。

老石坎水电站计算机监控系统集水电站的监测、控制、保护、电费统计和管理于一体，采用分层分布式结构，模块化设计，以工业级计算机 IPC 为上位机，以可编程序控制器 PLC、微机保护装置、智能交流电参数采集装置等构成现地控制单元(LCU)，再加上各种变送器如水位变送器、压力变送器等，从而构成完整的水电站计算机监控系统。

老石坎水电站计算机监控系统的分层分布式结构如图 11-1 所示。该系统结构分三个

层次,即电站主控层、现地控制单元层(LCU)和通信网络层。电站主控层由操作员工作站(一个)、操作台以及其他办公设备组成,操作员工作站主要设备是上位机,上位机采用工控机。现地控制单元层(LCU)由 PLC(GE 90-30)、智能仪表、微机同期装置等构成。通信网络层由工业以太网、MOXA 通信服务器、RS 485 总线以及交换机等组成。

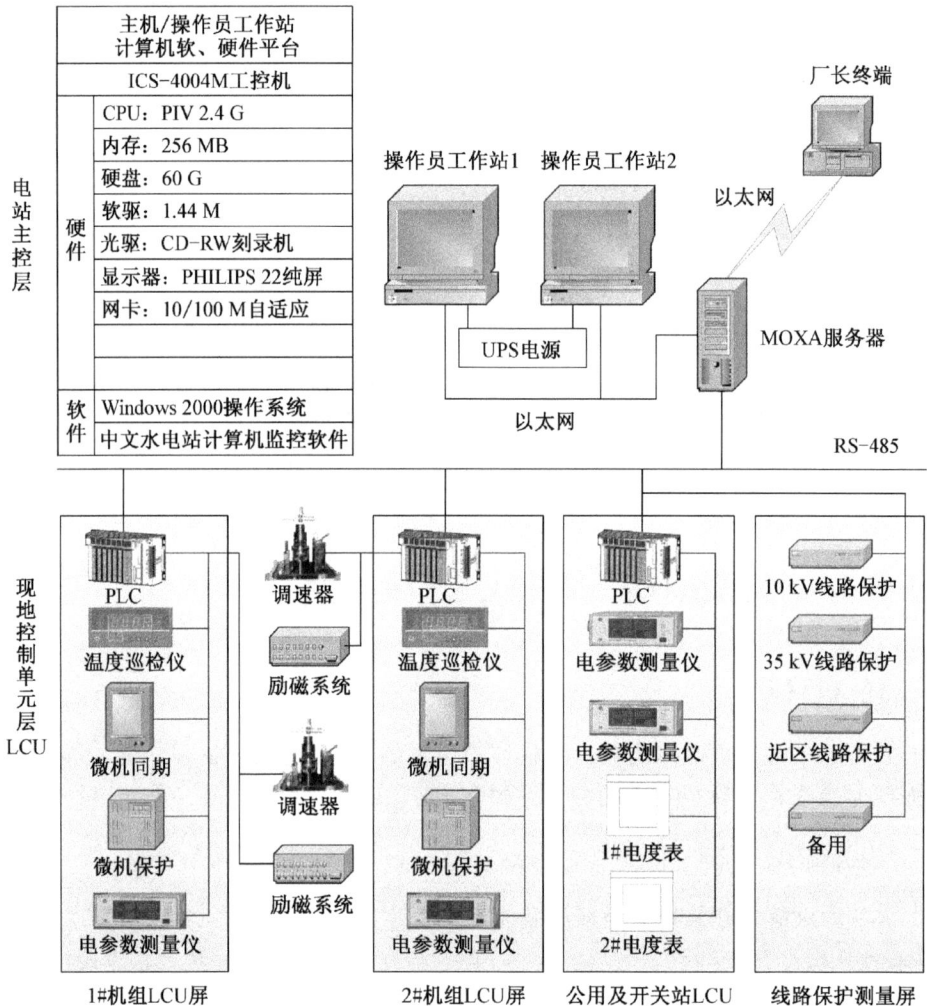

图 11-1　分层分布式结构

2. 老石坎水电站计算机监控系统的功能

老石坎水电站计算机监控系统对水电站的各种运行参数进行实时采集、处理、监视、储存;对水电站各种控制对象进行控制;具有事故和故障处理、报警、记录功能;具备水电站多种经济运行模式。此外,所有的数据输入与输出均带有隔离、软硬件滤波、防触点抖动等措施;上位机与现地控制单元(LCU)的软件有完备的防误操作、自诊断、自恢复功能;某一设备故障不影响系统性能;重要部位采用冗余技术;具有完备的抗干扰和防雷击技术措施。这些技术措施的使用,提高了系统的可靠性、安全性及稳定性。

（1）电站主控层功能

电站主控层主要有以下功能：

①完成对水电站实时状态的采集与处理。

②对实时运行参数的采集、处理及监控。

③远方控制。

④对被控对象运行参数进行调节，完成优化运行。

⑤报警及事故记录、顺序事件记录和控制记录。

⑥电站历史数据和状态的查询。

⑦报表处理与打印。

⑧事故追忆。

⑨计算统计。

⑩实时显示电站设备运行状态和参数等功能。

⑪接受现地控制单元传来的数据。

⑫向现地控制单元发出控制调节指令。

（2）现地控制单元层功能

①完成对机组的自动开、停机操作。

②完成对机组的有功、无功调节。

③机组故障及事故报警。

④实时显示机组温度及运行参数。

⑤接收上位机的开、停机命令及有功、无功自动调节控制命令。

⑥将采集的开关量和模拟量信息送至上位机等。

（3）通信网络层功能

操作员工作站的上位机通过工业以太网与 MOXA 通信服务器相联，MOXA 通信服务器采用 RS485 总线与现地控制单元进行通信，网络结构见图 11-1。

①上位机与南瑞的保护装置进行通信，通信规约为部颁 103 规约，波特率为 9600 bps/s。

②上位机与 PM140E 电参数测量仪进行通信，通信规约为 MODBUS 规约，波特率为 9600 bps/s。

③上位机与 GE 公司的 PLC 进行通信，通信规约采用 GE 公司的 SNP 专用通信规约。上位机通过 RS 422 总线网络发送停机、空转、空载、发电等控制操作命令到 PLC。

④上位机与福建三明的 TDS 1600 温度巡检仪进行通信，通信规约为 MODBUS 通信规约，波特率为 9600 bps/s。

⑤上位机与湖南威胜的电度表进行通信，通信规约为浙江协议，波特率为 9600 bps/s。

⑥上述通信都在上位机后台通信程序（DcommServ. exe）中解析并返回数据包。

3. 上位机软件的构成

上位机软件由 Microsoft Windows 2000 和 NJK2001 监控系统软件构成。NJK2001 监控系统软件运行于 Microsoft Windows 2000 平台上。

NJK2001 上位机软件由下列模块构成：

(1)简报信息程序(Alarm)。

(2)老石坎水电站后台通信程序(DcommServ.exe)。

(3)日、月、年报表查询程序。

(4)简报信息查询程序。

(5)峰平谷设置程序。

(6)操作员设置程序。

(7)密码设置修改程序。

(8)系统日志查询程序。

(9)遥测、遥信查询程序。

(10)值班记录查询程序。

(11)值班人员设置程序。

(12)功率给定程序。

(13)操作命令程序。

三、技能训练

1. 软件界面启动和退出操作

在 Windows 2000 桌面上,鼠标双击图标"老石坎水电站计算机监控系统",运行老石坎水电站计算机监控系统软件,进入画面索引窗口(见图 11-2);通过索引窗口,可以进入到其他操作窗口,画面索引窗口是上位机软件的导航界面。

图 11-2　画面索引窗口

退出老石坎监控系统的操作过程如下:

(1)退出老石坎监控系统之前,把当前窗口切换到画面索引窗口。

(2)在该窗口右下角,鼠标单击"退出"按钮,系统弹出一个退出系统确认画面,点击"退出"后即退出监控画面。

(3)也可以在画面索引任务栏中,鼠标右键单击老石坎水电站计算机监控系统后台通信程序,弹出退出按钮并鼠标单击,退出 DcommServ.exe(老石坎水电站后台通信程序)。

2. 软件界面主操作

(1)画面索引

运行老石坎计算机监控系统进入画面索引窗口,该窗口集成了进入其他所有监控画面的按钮。在切换到其他监控画面的同时,系统自动关闭当前显示的画面。按钮上标有各监控画面名称。鼠标单击该按钮,即进入相应的监控画面。

(2)主接线

在画面索引中鼠标单击主接线按钮,进入主接线窗口,如图 11-3 所示。该窗口显示的实时参数包括所有与主接线相关的运行参数:① 机组参数;② 主变压器参数;③ 线路参数(包括励磁电压、励磁电流、机组三相电压、机组三相电流、机组有功功率、机组无功功率、机组功率因数、机组频率、主变压器三相电压、主变压器三相电流、主变压器无功功率、主变压器有功功率、线路三相电压、线路三相电流、线路有功功率、线路无功功率、线路功率因数、线路频率等)。

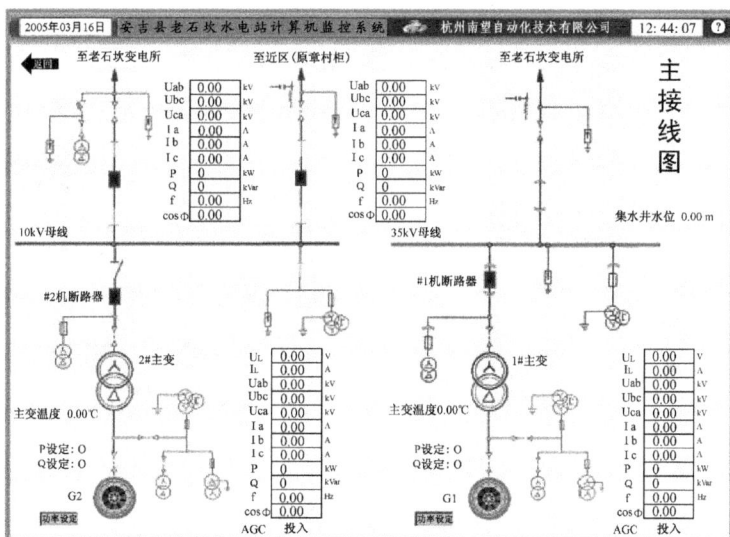

图 11-3　主接线

其中部分颜色含义表示如下:

①断路器颜色显示绿色:表示断路器分闸。

②断路器颜色显示红色:表示断路器合闸。

③隔离开关颜色显示绿色:表示隔离开关分闸。

④隔离开关颜色显示红色:表示隔离开关合闸。

⑤手车颜色显示红色:表示手车处于工作位。

⑥手车颜色显示绿色:表示手车处于非工作位。

⑦AGC 显示投入:表示机组处于按有功无功设定值进行自动调节的状态。

⑧AGC 显示退出:表示机组当前已退出按设定的有功无功进行自动调节的状态。

部分符号说明:

符号显示为红色,表示设备处于动态,即表示机组空转、空载或发电。符号显示为绿色,表示设备处于静态,即表示机组停机。窗口底端为功率给定按钮,单击该按钮将进行功率给定或功率调节。

（3）机组主操作画面

以 1♯机组为例,在画面索引窗口,鼠标单击 1♯机组主操作画面,弹出如图 11-4 窗口。该窗口状态显示栏主要显示在开停机流程中机组当前的一些比较重要状态量的实时信息。画面下方显示机组电流电压及有功无功等一些比较重要的模拟量、当前的有功无功设定值以及当前自动调节 AGC 是投入或退出等数据和状态信息。左边棒图表示有功或无功设定值,右边棒图表示有功或无功实际值。

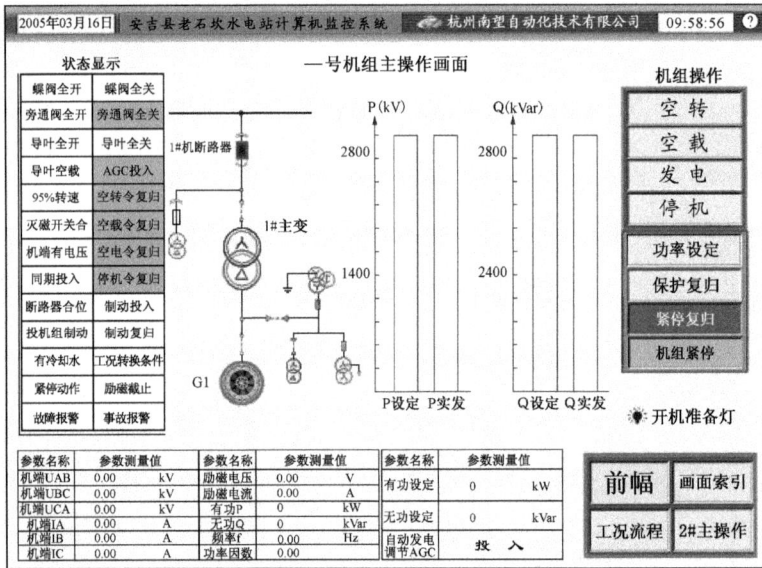

图 11-4　机组主操作画面

该窗口右下方四个按钮分别为前幅按钮、画面索引按钮、工况转换流程按钮、2♯主操作按钮,鼠标单击任一按钮,进入相应窗口。开机准备灯为绿色表示未满足机组开机条件;开机准备灯为红色闪烁表示满足机组开机条件。

1）空转操作

① 在机组操作栏中,鼠标单击空转按钮,发送机组空转命令。

② 进入操作员、密码确认窗口。

③ 在指定编辑框中输入操作员代号、姓名、密码。确认无误后鼠标单击确定按钮,完成机组（发电机组）空转操作。

其他空载、发电、停机等操作步骤同空转操作。

2）功率给定

① 在机组操作栏中,鼠标单击功率给定按钮,发送机组功率给定命令。

② 进入发电机有功无功设定窗口。

③ 在指定编辑框中输入有功功率、无功功率设定值。鼠标单击确定,完成机组（发电机组）功率给定操作。

1♯机组有功设定范围:100～3000 kW,1♯机组无功设定范围:100～3000 kVar;2♯机组有功设定范围:100～1200 kW,2♯机组无功设定范围:100～1200 kVar。对于无效的有功及无功设定(超出有功无功设定范围),系统将弹出提示对话框:"设定值无效,请重新输入!"

3) 紧停、紧停复归及保护复归

紧停:单击紧停按钮,系统弹出紧停画面,单击确定按钮,则进行机组紧停操作;单击取消按钮,则取消紧停操作。

紧停复归:机组出现紧停时,查明原因后须进行紧停复归操作后方可进行开停机等操作。单击紧停复归按钮可以进行紧停复归操作。

保护复归:进行机组的差动保护及后备保护的报警复归操作。

4) 状态解释

工况转换条件:当该状态框变红时,则表示此时可以进行机组的状态转换操作,如当前机组处于空转状态时,可以进行空载、发电或停机等操作。反之,则表示工况转换条件不满足,此时不能进行状态转换操作,否则系统会由于条件不满足而不予执行。

空转令复归:当该状态框变绿时,则表示当前系统正在执行空转令,空转令执行完成后,则变回红色。空载令复归、发电令复归及停机令复归状态显示与空转令复归类似。

(4)机组工况转换流程

在画面索引或主操作画面窗口中,鼠标单击机组工况转换流程按钮,显示图 11-5 所示的窗口。机组工况转换操作流程显示机组运行状态以及部分实时电参量,包括励磁电压、励磁电流、机组三相电压、机组三相电流、机组有功功率、机组无功功率、机组功率因数和机组频率。画面中文字背景颜色显示红色,表示工况流程运行到这一步;文字背景颜色显示绿色,表示工况流程未运行到这一步;若鼠标单击前幅按钮,将切换到之前显示的窗口。

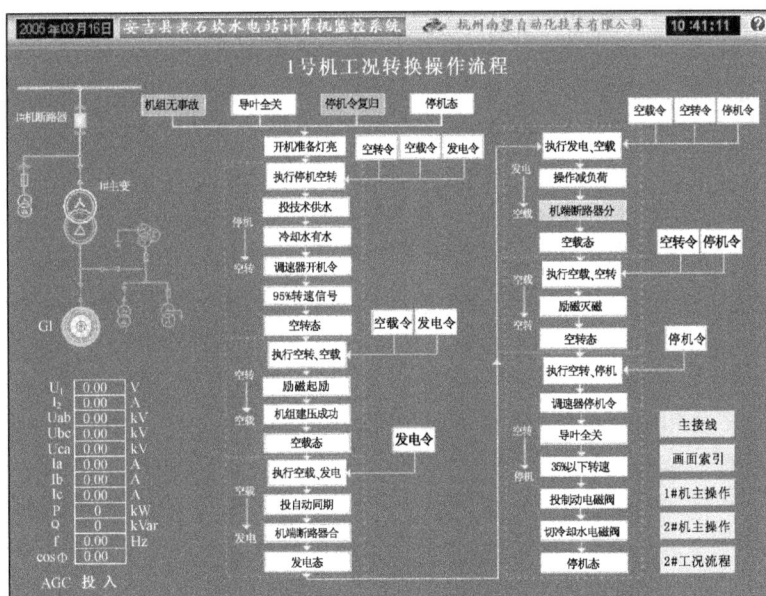

图 11-5　机组工况转换操作流程界面

(5)发电机有功无功设定

在画面索引或主接线中,鼠标单击功率给定按钮,显示功率给定窗口。功率给定步骤与

(3)中的 2)相同。

　　(6)报警光字牌

　　以 1♯机组为例,在画面索引窗口中,鼠标单击 1♯机组光字牌,显示图 11-6 所示的窗口。窗口中文字背景显示绿色,表示该状态为正常;文字背景显示黄色,表示该状态为故障;文字背景显示红色,表示该状态为事故。

2005年03月16日	安吉县老石坎水电站计算机监控系统	杭州南望自动化技术有限公司	10:52:58

1#机组 报警光字牌

差动保护异常	下导轴承温度偏高	水导油位过低	备用	水导轴承温度过高
差动保护预告	励磁故障	下导油位过低	备用	下导轴承温度过高
后备保护异常	油位低告警	蝴蝶阀控制电源消失	备用	MK联跳DL
后备保护预告	DY消失	开停机超时	备用	停机时剪断销剪断
操作回路断线	调速器AC消失	备用	差动保护动作	励磁系统事故
剪断销断	调速器DC消失	备用	后备保护动作	机组进相
上导示流中断	调速器电源故障	备用	140%转速	备用
下导示流中断	双供电源直流异常	备用	紧停动作	备用
上导轴承温度偏高	双供电源交流异常	备用	事故低油压	备用
推力1轴承温度偏高	双供电源逆变异常	备用	上导轴承温度过高	备用
推力2轴承温度偏高	双供电源逆流	备用	推力1轴承温度过高	备用
水导轴承温度偏高	上导油位过低	备用	推力2轴承温度过高	备用

光字牌确认	光字牌复归	画面索引

图 11-6　报警光字牌窗口

　　运行中,单击光字牌确认按钮,则系统进行光字牌报警确认操作,操作完成后,现地控制单元的触摸屏上的处于报警状态的光字牌会停止闪烁,但其底色则还是黄色或红色。

　　运行中,单击光字牌复归按钮,则系统进行光字牌复归操作,此过程大概需要几秒钟时间。操作完成后,对于当前已不存在的故障或事故报警,相应的光字牌底色会变为绿色;对于系统当前还存在的报警,其底色保持为黄色或红色。

　　(7)发电机单元接线图

　　以 1♯机组为例,在画面索引窗口中,鼠标单击 1♯机单元接线图,显示图 11-7 所示的窗口。该窗口显示相应发电机的全部电量及非电量(累积电度量、机组三相电压、机组三相电流、机组有功功率、机组无功功率、机组功率因数、机组频率)。单元结线窗口集合了部分其他窗口按钮,单击相应的按钮将导航到对应的功能窗口。

　　(8)温度参数

　　在画面索引窗口中,鼠标单击温度参数,显示图 11-8 所示的窗口。该窗口监视机组所有温度实时变化,窗口左侧展示了机组结构模型。实际温度超过预设的上限值时,窗口左上方及时弹出简报信息,同时将温度信息自动保存到数据库。监控系统能监视的温度参数包括定子绕组温度、上导轴承温度、下导轴承温度、推力轴承温度、变压器温度等。在窗口底端,鼠标单击画面索引、主接线分别切换到相应的窗口。

　　(9)实时报表

　　在画面索引窗口中,鼠标单击实时报表,显示图 11-9 所示的窗口。该窗口集中了电站

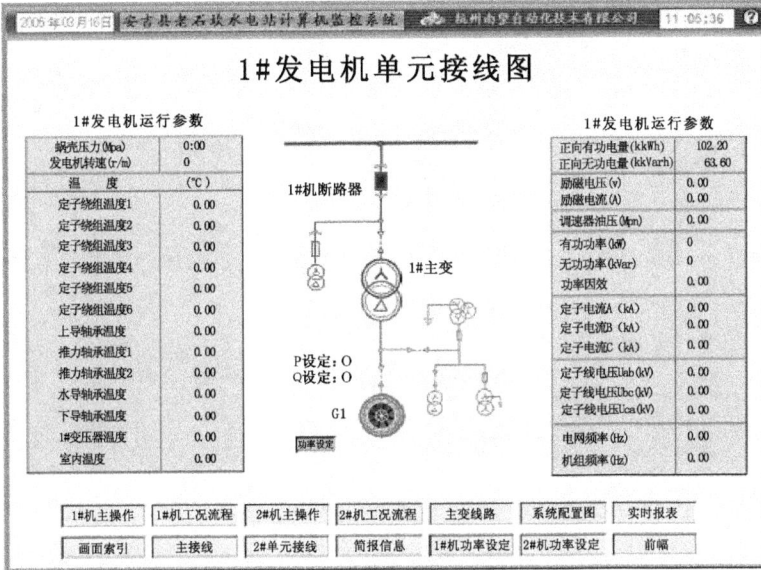

图 11-7 发电机单元接线图

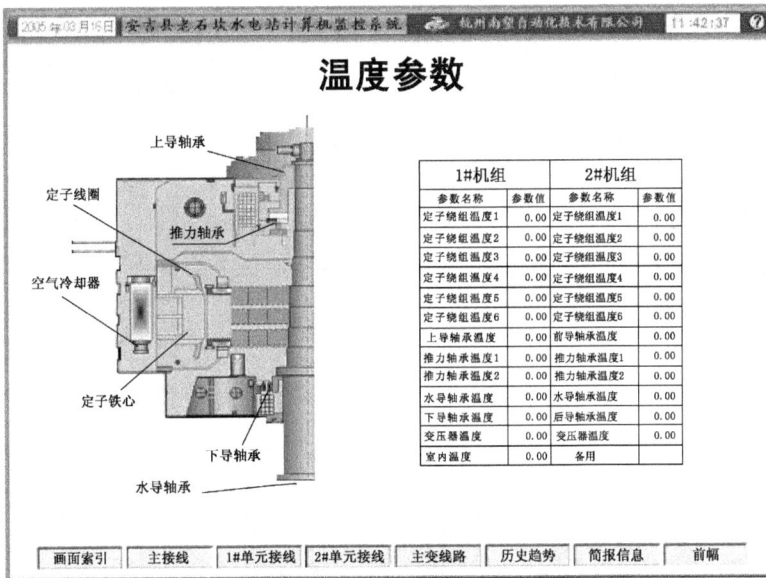

图 11-8 温度参数显示窗口

所有的实时模拟量,是监视电站参数变化的最完整窗口。鼠标单击打印按钮打印实时模拟量。在该窗口,同样集合了部分其他窗口按钮(如画面索引、主接线、机组接线图)。

(10)系统配置图

在画面索引窗口中,鼠标单击系统配置图,显示图 11-10 所示的窗口。上位机分别对机组 1♯ 及 2♯ LCU 屏中的 PM 140E 电参数测量仪、PLC、温度巡检仪、南瑞的差动及后备保护,公用 LCU 屏中的 PLC、10 kV 线路电参数测量仪、35 kV 线路电参数测量仪、1♯ 电度表、2♯ 电度表、35 kV 线路保护、10 kV 线路保护及近区线路保护进行实时交互通信。

图 11-9　实时报表画面

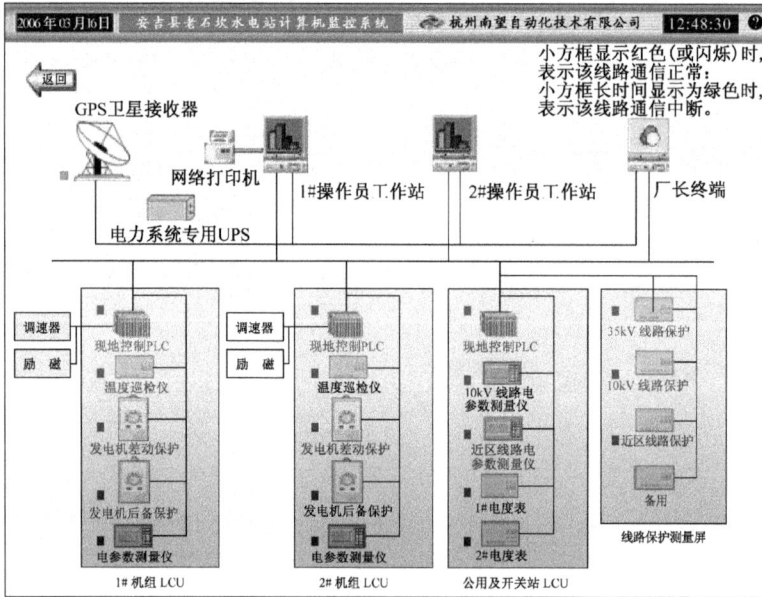

图 11-10　系统配置图显示窗口

当某个通信仪表旁的通信灯显示为红色或红绿交替闪烁则表示此仪表当前通信正常，如果是长时间绿色则表示此仪表当前通信不正常。当通信不正常时，应检查相应的通信线路是否连接好。同样，该窗口也集合了部分其他窗口按钮。

(11)运行日志

在画面索引窗口中，鼠标单击运行日志，显示图 11-11 所示的对话框。首先，在复选框中选中所要打印的报表（机组运行日志或电量日报），选择打印日期（默认为当前日期），选择打印份数(默认为一份)等。然后,鼠标单击预览按钮,则可以预览报表;用鼠标单击打印按钮,则立即打印该报表。

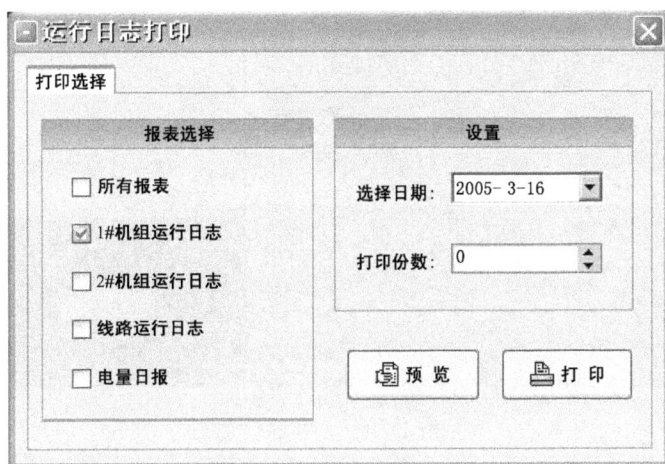

图 11-11　运行日志

(12)月电度量统计

在画面索引窗口中,鼠标单击月电度量统计按钮图标,显示月电度量统计窗口。先选择欲打印的年份、月份和电度类型,然后鼠标单击打印或预览按钮,进行直接打印输出或打印预览操作。

(13)年电度量统计

在画面索引窗口中,鼠标单击年电度量统计按钮图标,显示年电度量统计窗口。通过该窗口可以对机组年电度量进行统计并打印。具体步骤如下:

①在查询日期选择组合框中选择年份。

②鼠标单击检索按钮。

③内容框显示有功电度(峰)、有功电度(平)、有功电度(谷)、无功电度(峰)、无功电度(平)、无功电度(谷)、有功电度总量、无功电度总量记录。

④其他操作同日、月电度量统计报表。

(14)其他查询

在画面索引窗口中,鼠标单击遥测越限记录查询、遥信变位记录查询、系统日志查询、简报信息查询、值班记录查询等将弹出相应的窗口。在窗口组合框中选择欲打印日期,单击检索按钮,则内容框中显示出检索到的记录并可以打印出来。

(15)峰平谷设置

在画面索引窗口中,鼠标单击峰平谷设置,显示图 11-12 所示的窗口。具体操作如下:

①在起点时间栏中选择一天中的整点时间。

②在终点时间栏选择大于或等于起点时间。

③当设定成功后按确定按钮设置成功,按重新设置回到未设状态,等待用户再次设置。

④当起点时间设定值大于终点时间设定值:设定无效,重新设定。

⑤当起点时间设定值等于终点时间设定值:设定了 1 h 范围。

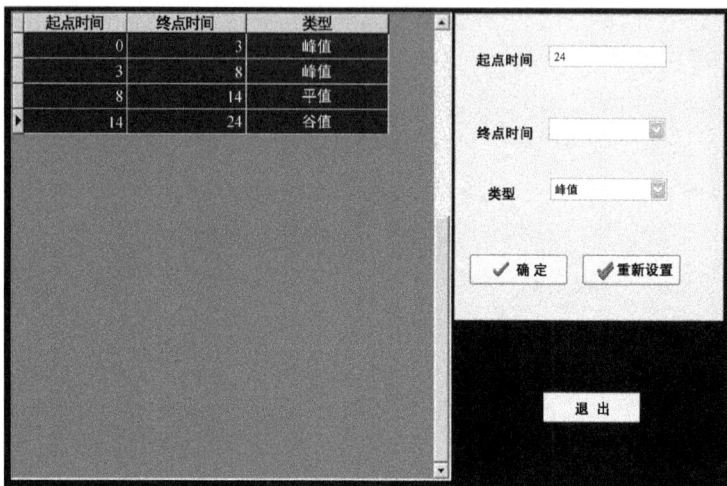

图 11-12　峰平谷设置

⑥当起点时间设定值小于终点时间设定值：设定了数小时范围，其最大值为 24 h。

例如，设定早上 8 点至晚上 10 点为峰电，其他时段为谷电。在起始时间下拉框中选择 0，在终点时间下拉框中选择 8，在类型下拉框中选择谷值，用鼠标单击确定按钮；继续在开始下拉框中选择 8，在终点时间下拉框中选择 22，在类型下拉框中选择峰值，用鼠标单击确定按钮；继续在开始下拉框中选择 22，在终点时间下拉框中选择 24，在类型下拉框中选择谷值，用鼠标单击确定按钮，完成电量类型设置。

（16）操作员设置

在画面索引窗口中，鼠标单击操作员设置，显示图 11-13 所示的窗口。具有系统管理员身份的操作员才能进行操作员设置，并可以进行操作员添加、删除操作。

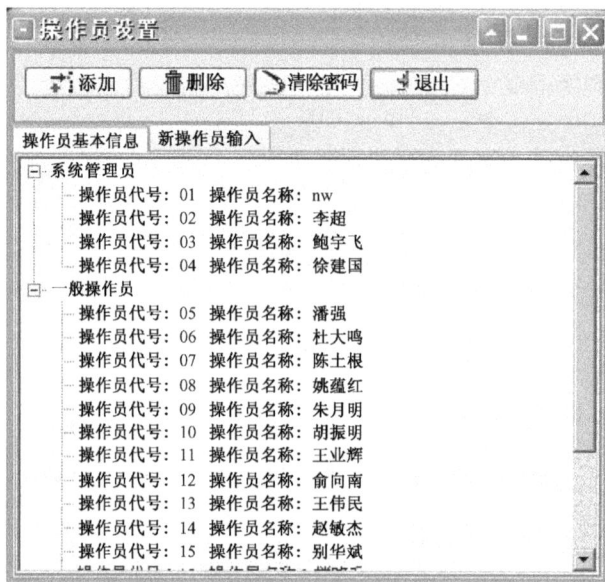

图 11-13　操作员设置

（17）交接班操作

在画面索引窗口中，单击交接班操作，显示图 11-14 所示的窗口。此窗口左上角显示当前值班员、值班长信息。交接班操作步骤如下：

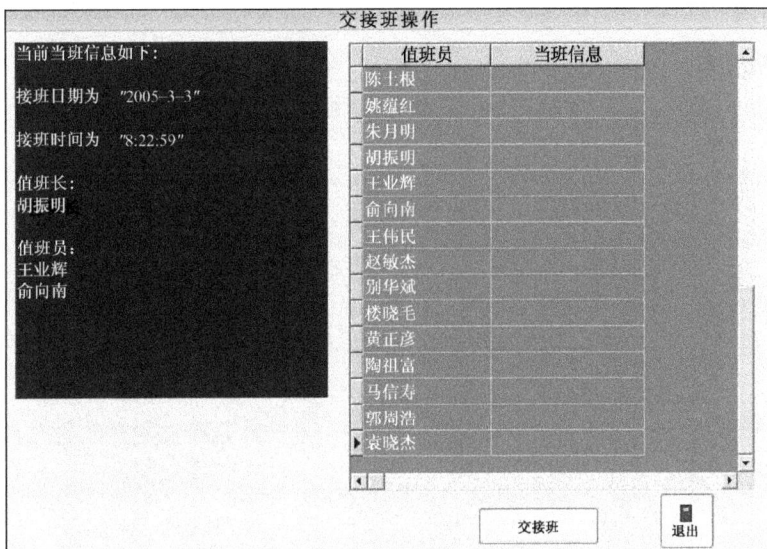

图 11-14　交接班操作

①首先指定要接班的值班长，选中当班信息栏中的值班长，单击交接班。

②输入各自密码，进行身份、密码确认。

③值班员交接班重复以上步骤，完成交接班。单击取消按钮，则返回画面索引窗口。当密码、身份确认无效，则系统将弹出"确认无效，请重新输入！"的提示。

（18）密码修改

在画面索引窗口中，单击密码修改，弹出图 11-15 所示的窗口。密码修改的步骤如下：

①选择自己的操作员代号，输入旧密码，然后输入新密码和确认密码。

②单击确定按钮，系统作出密码修改成功提示。

③鼠标单击取消按钮，密码修改无效，退出密码修改对话框。

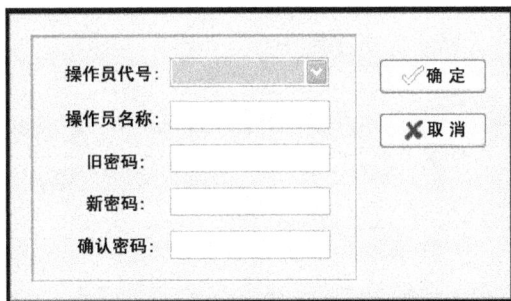

图 11-15　密码修改

新密码可以同旧密码一致，也即未改动密码，但新旧密码必须等于或大于 4 位的阿拉伯数字。

(19)电流历史趋势曲线

以电流历史趋势曲线为例,在画面索引窗口中,鼠标单击电流历史趋势曲线,系统弹出图 11-16 所示的界面。具体操作如下:

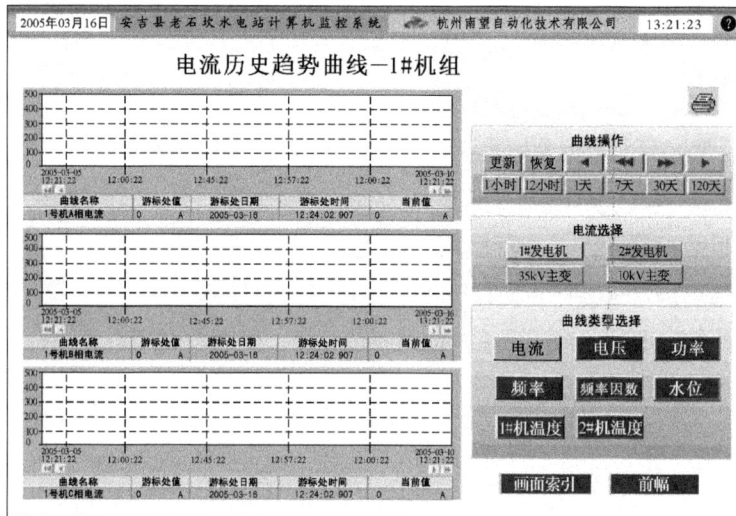

图 11-16　电流历史趋势曲线

①单击曲线操作中 1 小时、12 小时、1 天、7 天、30 天、120 天,可以方便地观察到 1 小时、12 小时、1 天、7 天、30 天、120 天内的三相电流曲线走势。曲线纵坐标对应电流值。

②用鼠标单击更新,机组三相电流当前值被更新。

③用鼠标单击恢复,机组三相电流曲线恢复到最初值。

④曲线纵坐标对应电流值,横坐标对应时间点。

⑤用鼠标单击打印按钮,进行电流历史曲线打印。

⑥其他频率、功率、温度曲线与电流历史趋势曲线操作相同。

(20)简报信息

简报信息位于窗口左上角,信息内容由信息时间和信息事件构成。所有信息自动保存到数据库。

四、问题讨论

1. 老石坎水电站计算机监控系统采用哪种结构形式? 该结构分几个层次? 并对各个层次作相应的说明。

2. 主接线窗口显示的实时参数包括哪些内容?

3. 在主操作画面中可以进行哪些操作?

4. 监控系统能监视的温度参数包括哪些内容?

5. 试写出月电度量统计的操作步骤。

6. 试写出年电度量统计的操作步骤。

7. 试写出峰平谷设置的操作步骤。

8. 试写出交接班的操作步骤。

9. 电流历史趋势曲线的操作是如何进行的?

任务 2　水电站计算机监控现地控制单元的操作

一、任务目标

通过学习,掌握老石坎水电站计算机监控系统现地控制单元的结构、组成设备和功能;学会操作现地控制单元。

二、相关知识

(1)现地控制单元结构。现地控制单元(控制屏柜)主要由 GE 可编程序控制器(PLC)、智能交流参数测量仪表(PM130E)、温度巡检仪(装于测温制动屏)、转速信号装置、Digital触摸屏(NT)、微机同期装置、微机保护装置、双供不间断交流电源装置、电源浪涌保护器、组合同期表、开关电源、控制开关、自动空气开关、中间继电器、指示灯、按钮等元器件组成。

(2)现地控制单元功能。在现地控制单元可通过触摸屏上的控制按钮,对蝶阀、发变组进行相关的操作。接收现场设备(包括励磁电流变送器、励磁电压变送器、有功无功组合变送器)传来的 $4 \sim 20$ mA 的电流信号,经过 PLC 处理转换成数字信号并在触摸屏上显示。接收来自上位机的开停机命令及有功无功自动调节控制命令,并将采集的开关量和模拟量信息送至上位机。

三、技能训练

1. 发变组现地控制单元的操作

这里主要介绍发变组 LCU 屏上各控制开关/按钮的作用、开机停机操作、发变组有功/无功功率调节操作、同期操作以及发变组触摸屏操作等

(1)发变组 LCU 屏控制开关、按钮的作用

① 1♯、2♯发变组断路器“分闸/合闸”自复位控制开关。此控制开关可进行断路器的分、合闸操作(此开关装于公用 LCU 屏)。

② “紧急停机”按钮。使用此开关可实现在中控室手动发出“紧急停机”命令。

(2)开机操作

① 检查并确保所有机械方面已经准备好;检查并确保所有的交直流控制电源已经投入;检查并确保触摸屏光字牌无任何报警。

② 检查控制台下的双供电源交、直流输入的空气开关是否合上,检查发变组 LCU 屏 DC24V 电源、PLC、PM130E、电量和非电量变送器、自动准同期装置、双供电源及发变组微机保护装置、微机线路保护装置的电源是否投入。若未投入,则通过屏后的空气开关将各路电源分别投入。

③ 同步检查继电器控制开关是否在“投入”位置,若不在“投入”位置,则切换到“投入”位置。

④ 检查开机准备灯是否亮,若不亮,则通过现地或上位机检查开机条件是否满足。

⑤ 通过触摸屏上的触摸开关,选择需要开机的目标,然后在弹出小画面上按"确认"键或通过上位机键盘操作开机(通常用上位机操作开机)。此后 PLC 一步一步地执行开机流程直至发变组开启。

⑥ 若发变组在规定的时间内不能完成开机,则电铃报警提醒,并在上位机及触摸屏"报警列表画面"中显示"开停机未完成"信号。

(3)停机操作

① 通过发变组 LCU 屏上的触摸键选择需要操作的目标,然后在弹出小画面上按"确认"键或通过上位机选择操作目标(通常用上位机操作)。此后,PLC 一步一步地执行目标流程。

② 当发变组需要紧急停机时,操作发变组 LCU 屏上的"紧急停机"按钮进行事故停机。

③ 若发变组在规定的时间内不能完成选择的目标,则电铃报警提醒,并在上位机及触摸屏"报警列表画面"中显示"开停机未完成"信号。

(4)发变组有功、无功功率调节操作

1)自动调节

①条件:发变组正处于并网发电运行状态。

②通过操作发变组 LCU 屏上的"手动调节"触摸开关将发变组有功、无功调节方式设定为"自动调节"状态(默认状态为"自动调节")。

③通过上位机对有功及无功进行给定。PLC 将根据上位机的给定值进行自动调节。

2)手动调节

①条件:发变组正处于并网发电运行状态。

②通过操作发变组 LCU 屏上的"手动调节"触摸开关将发变组有功、无功调节方式设定为"手动调节"状态。

③通过发变组 LCU 屏上的触摸键"功给增/减"及"励磁增/减"触摸键对发变组有功及无功进行手动调节。

(5)同期操作

老石坎水电站有两种同期方式,即计算机操作自动准同期装置并网和手动准同期并网。计算机操作自动准同期并网即发出操作开机命令后,若发电机建压正常且处在空载时,计算机自动投入微机准同期装置,并由此装置完成并网。手动准同期并网即在发变组满足待并条件时由操作人员通过使用同期表手动并网。

1)计算机操作自动准同期装置并网步骤

① 确认开机准备信号灯 PL 亮。

②确认蝶阀已在全开位置。

③操作"投入/旁路"控制开关使同步检查继电器在"投入"位置。

④执行开机操作。

⑤开机过程中自动选择自动准同期装置,并由自动准同期装置自动选择并网时机,进行合闸。

⑥并网后,自动复归自动准同期装置。

2)手动准同期并网

①确认开机准备信号灯 PL 亮。

②确认进水闸阀已完全打开。

③操作"投入/旁路"控制开关使同步检查继电器在"投入"位置。

④操作"复归/投入"手动同期控制开关切换至"投入"位置。

⑤执行开机操作。

⑥将"粗调/切除/细调"同期表控制开关先切换至"粗调",通过发变组 LCU 屏上的触摸键对发变组的频率和电压进行调节。当同期表电压和频率指针转至平衡点附近时,将"精调/粗调"开关切换至"精调",然后观察同步表指针缓慢转至近同期点时提前操作合闸控制开关进行"合闸"。

⑦并网后,手动将"粗调/切除/细调"同期表控制开关切换至"切除"位置。

(6)发变组触摸屏操作

触摸屏使用时应注意用手指轻按,不可用长指甲或硬物(如螺丝刀、笔等)按画面,以免划伤屏面。

触摸屏刚通电时,显示发变组 LCU 初始画面,在触摸屏上轻按一下,可进入主操作画面。

图 11-17 所示为发变组 LCU 主操作画面,其中"停机"、"空转"、"空载"、"发电"为操作目标,选择触摸键,选择目标后,会弹出一确认画面,按"确认"执行目标操作,按"取消"退出该操作;中间运行参数栏中功率设定值显示上位机给定的有功、无功功率值;当前值显示当前发电机的有功功率、无功功率、电压、电流及频率;当有故障或事故发生时,"有报警"将会闪烁,触摸"有报警"将切换至光字牌画面,可看到更详细的报警信息;状态显示栏显示的是发电机当前的工作状态。此外,按相应的触摸键,可实现紧停后的复归,增、减有功及无功,自动调节及手动调节功率的状态转换等操作。棒图能较直观地显示设定有功、无功和实发有功、无功功率值。按底下的触摸键可切换到相应的画面。

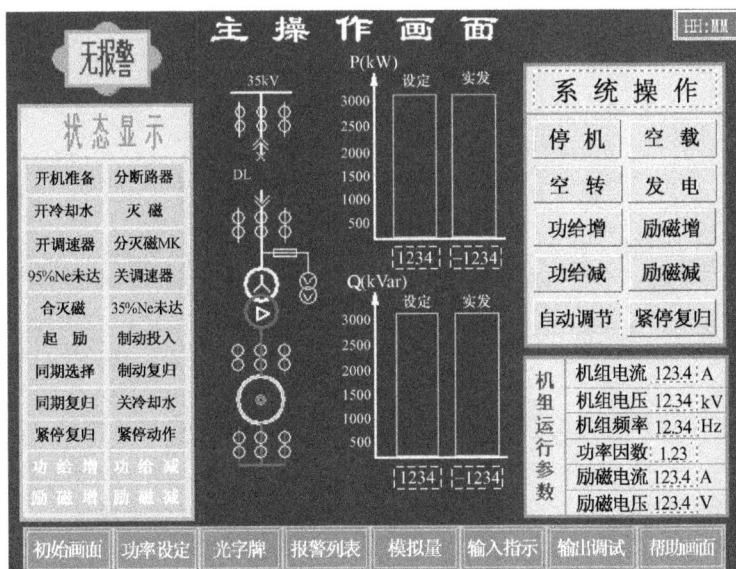

图 11-17　主操作画面

按"系统操作"弹出图 11-18 画面,此画面可控制"制动投入或复归",以及"冷却水投/

切"，再按一次"系统操作"可关闭此小画面。

图 11-18

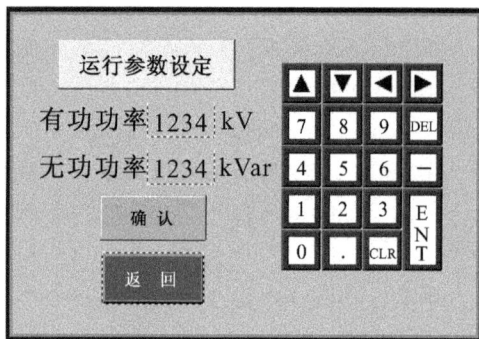

图 11-19 功率设定画面

图 11-19 所示为功率设定画面，触摸"运行参数设定"即可从小键盘进行数据输入，按"确认"后将数据设定，但必须在并网完成后，否则无法设定该数据。

图 11-20 所示为发变组 LCU 输入状态指示画面，可查询当前的输入状态。红色指示灯亮表示该点接通，蓝色指示灯亮表示该点断开。

图 11-20 输入状态指示画面

图 11-21 所示为发变组 LCU 出口试验画面，在发变组停机及机端隔离开关已分离的情况下触摸"开始调试"键，然后在对应的输出点上点动一下，就会有相应的输出。若出口条件不满足，则会有相应的提示。若触摸"退出调试"即为退出出口试验程序。

注意：做出口试验的时候必须先确认电气是否安全！

图 11-22 所示为发变组 LCU 光字牌显示画面，当有事故或故障发生时，对应的光字牌将会闪烁，触摸"光字牌确认"键，光字牌就会变成平光；当事故或故障排除后，触摸"光字牌复归"键，光字牌就可复归。

图 11-21　输出调试画面

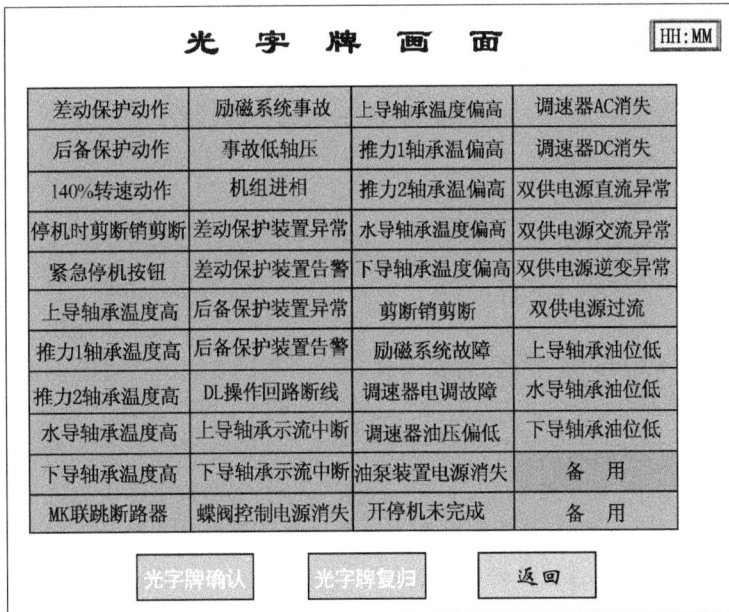

图 11-22　光字牌画面

图 11-23 所示为发变组帮助画面,按相应的触摸键可以得到所需的帮助信息。

2. 公用控制单元的操作

公用控制单元 LCU 是主要由 GE 可编程序控制器(PLC)、Digital 触摸屏、PM130E 智能交流电参数测量仪、微机线路保护装置(共三套)等组成,用来完成对电站公用系统的控制,包括对发变组同期控制、10 kV 线路、近区线路、35 kV 线路保护、事故和故障报警等,并

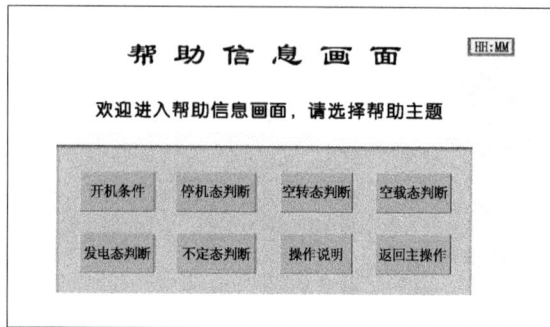

图 11-23　帮助画面

将采集的开关量和模拟量信息送至系统上位机。公用 LCU 也可接收来自上位机的控制命令。这里主要介绍公用 LCU 屏上按钮及公用控制单元触摸屏的操作。

（1）公用 LCU 单元控制开关、按钮及公用触摸屏

1）各控制开关的作用

①同步确认继电器"投入/旁路"控制开关换一行或加"："在"投入"状态,发变组断路器合闸控制回路通过同步检查继电器的触点在同期条件满足时接通,在同期条件不满足时断开。在"旁路"状态,发变组断路器合闸控制回路不通过同步检查继电器的触点,直接接通。

②组合同期表"粗调/切除/细调"控制开关在"粗调"状态,同期表被接入,指针偏转幅度大。在"切除"状态,同期表未被接入。在"细调"状态,同期表也被接入,指针偏转幅度小。

③10 kV 线路及近区线路断路器"分闸/合闸"自复位控制开关：此控制开关可进行断路器的分、合闸操作。

2）各控制按钮的作用

①"1♯机同期选点"及"2♯机同期选点"按钮：当手动并网时,可通过这几个按钮,选择1♯机或者 2♯机进行同期并网。

②"同期复归"按钮：当选择同期时,若想取消同期选择,可按此按钮进行复归。

③"投入自动准同期装置"按钮：若希望通过自动准同期装置进行并网操作,可通过此按钮投入自动准同期装置(WX98D)电源及启动自动准同期,实现自动并网的目的。

④"复归自动准同期装置"按钮：若希望取消自动准同期并网方式,可按此按钮实现。

⑤"信号解除"按钮：当系统发出 24 V 失电信号时,使用此按钮解除报警。

（2）公用触摸屏的操作

触摸屏使用时应注意用手指轻按,避免长指甲或硬物划伤屏面。公用 LCU 屏画面组成与发变组 LCU 屏画面基本相同,此处不再介绍。

四、问题讨论

1. 发变组现地控制单元的操作包括哪些内容？

2. 公用控制单元的控制开关、按钮分别有哪些作用？

3. 在现地控制单元进行开机操作的步骤有哪些？

4. 在现地控制单元采用计算机操作自动准同期并网的步骤是哪些？

第四部分　知识扩展

拓展一 水电站计算机监控系统的发展趋势

1.1 现地控制单元的最新技术与发展趋势

在水电站计算机监控系统中 LCU 直接与水电站的生产过程连接,是系统中最具面向对象特征的控制设备。现地控制单元的控制对象主要包括以下几个部分:

(1)水电站发电机组设备:主要有水轮机、发电机、辅机、变压器等;

(2)开关站:主要有母线、断路器、隔离开关、接地刀闸等;

(3)公用设备:主要有厂用电系统、油系统、汽系统、水系统、直流系统等;

(4)闸门:主要有进水口闸门、泄洪闸门等。

LCU 一般布置在水电站生产设备附近,就地对被控对象的运行工况进行实时监视和控制,是水电站计算机监控系统的较底层控制部分。原始数据在此进行采集和预处理,各种控制调节命令都通过它发出和完成控制,它是整个监控系统中很重要、对可靠性要求很高的控制部分。用于水电站的 LCU 按监控对象和安装的位置可分为机组 LCU、公用 LCU、开关站 LCU 等。而按照 LCU 本身的结构和配置来分,则可以分为基于单片机线形结构的 LCU、基于可编程控制器(PLC)的 LCU、基于智能现地控制器的 LCU 等三种。第一种 LCU 多为水电站自动化初期的产品,目前已基本不在新系统中采用。另外尚有极少数的小型水电站采用基于工业 PC 机(又称工控机 IPC)的控制系统。下面仅讨论目前处于主流地位的基于 PLC 和基于智能现地控制器的 LCU 部分。基于智能现地控制器的 LCU 又包括基于 PCC(Programmable Computer Controller)的 LCU 和基于 PAC(Programmable Automation Controller)的 LCU。

1.1.1 最新技术

1. 基于可编程控制器(PLC)的 LCU

PLC 的定义有许多种。国际电工委员会(IEC)对 PLC 的定义是:可编程控制器是一种数字运算操作的电子系统,专为在工业环境中应用而设计的。它采用可编程序存贮器,可以进行内部存储程序,执行逻辑运算,顺序控制,定时,计数与算术操作等,并通过数字的、模拟的输入和输出,控制各种类型的机械或生产过程。可编程控制器及其有关设备,都应按易于与工业控制系统形成一个整体,易于扩充其功能的原则设计。

最初,由于美国汽车工业的需要而产生了可以说是原始的 PLC。虽然 PLC 问世时间不算太长,但是随着微处理器的出现,大规模、超大规模集成电路制造技术和数据通信技术的迅速发展,PLC 的应用和技术也得到了飞速的发展,其发展过程大致可分三个阶段:

(1) 早期的 PLC(20 世纪 60 年代末至 70 年代中期):早期的 PLC 一般称为可编程逻辑控制器。

(2) 中期的 PLC(70 年代中期至 80 年代中后期):在 70 年代开始采用微处理器作为 PLC 的中央处理单元(CPU)。这样,使 PLC 的功能大大增强。在软件方面,在原有的逻辑运算、定时、计数等功能的基础上增加了算术运算、数据处理和数据通信、自诊断等功能。在硬件方面,开发了模拟量模块、远程 I/O 模块以及各种特殊功能模块,使 PLC 的应用范围得以迅速扩大到需要自动控制的很多行业。

(3) 近期的 PLC(80 年代中后期至今):进入 80 年代中后期,由于微处理器硬件制造技术迅速发展,同时市场价格大幅度下降,使得各 PLC 生产厂家可以采用更高档次的微处理器。为了进一步提高 PLC 的处理速度,很多制造厂商还研制开发了专用逻辑处理芯片。后来 PLC 还融入了 Ethernet、Web Server 等技术,提供了功能丰富的配套软件,使广大用户使用起来更加得心应手。

20 世纪 80 年代至 90 年代中期,是 PLC 发展最快的时期,年增长率一直保持为 30%~40%。在这一时期,PLC 的数据采集处理能力、数字运算能力、人机接口和网络通信能力都得到大幅度提高,PLC 逐渐进入过程控制领域,与部分工业控制设备相结合后在某些应用上逐渐取代了在过程控制领域处于统治地位的 DCS 系统。由于 PLC 具有通用性强、可靠性高、使用方便、编程简单、适应面广等特点,使它在工业自动化控制特别是顺序控制中得到了非常广泛的应用。

我国将 PLC 应用于水电站生产设备的监控始于 20 世纪 80 年代,由于 PLC 一般按照工业使用环境的标准进行设计,可靠性高、抗干扰能力强、编程简单实用、接插性能好而很快被电站用户和系统集成商接受,得到了较好的应用。目前在我国水电站使用较广泛的 PLC 有:GE Fanuc 公司的 GE Fanuc 90 系列,德国 Siemens 公司的 S5、S7 系列,法国 Schneider 公司的 Modicon Premium、Atrium 和 Quantum,美国 Rockwell 公司 PLC5、Control Logix,日本 OMRON 公司的 SU-5、SU-6、SU-8,日本 MITSUBISHI 公司的 FX2 系列等。由于各种 PLC 的设计原理差异较大,产品的功能、性能以及可以构成现地系统的规模有很大的不同。一般来说,根据不同电站在安全性能(包括可靠性、可维护性等)、应用功能、控制规模、系统结构等方面的实际需求进行选择,还是可以找到合适的 PLC 的。目前我国很大一部分电站的自动化系统都是采用 PLC 构成现地控制部分的,通过合理的配置和搭配,它们基本上都能在系统中担负起相应的责任,完成相应的功能。但 PLC 作为一种通用的自动化装置,并非是为水电站自动化而专门设计的,在水电自动化这一有着特殊要求的行业应用中不可避免地也会有一些不适合的地方,现列出以下几点:

(1) PLC 以"扫描"的方式工作,不能满足事件分辨率和系统时钟同步的要求。水电站计算机监控系统都是多机系统,为了保证事件分辨率除了 PLC 本身应具有一定的事件响应能力和高精度时钟外,还要求整个系统内各部分主要设备之间的时钟综合精度也必须保证在毫秒级以内。而以 PLC 为基础的现地控制装置如果不采取特殊措施,就无法保证水电站安全运行对事件分辨率和系统时钟同步的要求。

（2）通用型 PLC 的起源主要针对机械加工行业，以后逐步扩展到各行各业。现在的 PLC 虽然具有较强的自诊断功能，但对于输入、输出部分，它只自诊断到模件级。这对于电力生产这样一个强调"安全第一"的行业来说，有一定的欠缺，往往需要另加特殊的安全措施。

（3）通用型 PLC 一般都具有一定的浪涌抑制能力，基本上可以适合大部分行业应用。但对于水电站自动化系统来讲，由于设备工作环境的特殊性，通用型 PLC 的浪涌抑制能力与技术规范所要求的三级浪涌抑制能力还有一些差距。

2. 基于智能现地控制器的 LCU

在我国水电站自动化系统中应用较多的另一类现地控制单元就是智能现地控制器，如 ABB 公司的 AC450，南瑞集团的 SJ-600 系列，Elin 公司的 SAT1703 等。

其中 AC450 是 ABB 公司生产的适用于工业环境的 Advant Controller 系列现地控制单元中的一种，主要应用于其他行业的 DCS 中。它包括以 Motorola 68040 为主处理器的 CPU 模件和 I/O、MasterBus 等多种可选的模件，支持集中的 I/O 和分布式 I/O，可根据不同的应用需求采用不同的模件来构成适用的现地子系统。

SAT1703 是奥地利 Elin 公司生产的多处理器系统，它包括 3 个装有不同接口处理器的子系统 AK1703、AME1703 和 AM1703。每个子系统由主处理器、接口模板（模块）、通信模块等构成，能实现数据处理、控制和通信功能，在 LCU 内部采用 SMI（Serial Module Interconnector）进行通信。SAT1703 现地控制单元采用 OS/2 操作系统，运行的控制软件为 ToolBox。

SJ-600 系列是国电自动化研究院 20 世纪 90 年代末为在恶劣工业环境下运行而生产的国产智能分布式现地控制单元，由主控模件、智能 I/O 模件、电源模件以及连接各模件与主控模件的现场总线网组成。其已在全国数十个大中型水电站可靠地运行。SJ-600 具有以下主要特点：

（1）主控模件采用符合 IEEE1996.1 的嵌入式模块标准 PC104，具有可靠性高、现场环境适应性强等特点。使用低功耗嵌入式 CPU，可选 CPU 型号从 486 至 Pentium 系列。

（2）32 位智能 I/O 模件。所有模件采用 32 位嵌入式 CPU，该 CPU 专门为嵌入式控制而设计，软件上采用板级实时操作系统和统一的程序代码，只是按模件的不同而运行相应的任务。采用大规模可编程逻辑芯片（EPLD）及 Flash 存储器，简化了系统设计，提高了可靠性。智能化的 I/O 模件除了可独立完成数据采集和预处理，还具备很强的自诊断功能，提供了可靠的控制安全性和方便的故障定位能力。

（3）具有现场总线网络的体系结构。系统采用两层网络结构，第一层是厂级控制网，连接 LCU 和厂级计算机，构成分布式计算机监控系统；第二层是 I/O 总线网络，连接主控模件和智能 I/O 模件（现地或远程），构成分布式现地控制子系统。所有 I/O 模件均配备两个现场总线网络接口，这些模件都可以分散布置，形成高可靠性的分布式冗余系统。

（4）LCU 直接连接高速网。网络已成为计算机监控系统中的重要部分，它涉及电站控制策略和运行方式。以前现地控制器多是使用专用网络与上位机系统进行连接，而不是符合开放性标准的网络。如 AC450 采用 MB300 网络与上位机系统连接，而与采用 TCP/IP 协议的系统连接只能通过专用模件以 VIP 的方式进行受限制的数据传输。

(5)提供直接的 GPS 同步时钟接口,无需编程和设置。GPS 对时可直达模件级,满足了对时钟有特殊要求的场合,如 SOE 等。

(6)提供基于 IEC61131-3 标准的控制语言,在保留了梯形图、结构文本、指令表等编程语言的基础上,开发了采用"所见即所得"技术设计的可视化流程图编程语言。支持控制流程的在线调试和回放,非常适合复杂的控制流程的生成和维护。

(7)针对水电站自动化专业应用开发的专用功能模块。

1.1.2　发展趋势

在全球计算机工业控制领域围绕着计算机和控制系统硬件/软件、网络技术、通信技术、自动控制技术等方面都在迅速地发展,同时,我国水电自动化领域的技术也不断取得长足的发展。随着全国水电站"无人值班"(少人值守)工作的推进,以及多个单机容量 700 MW 的特大型水电站的建设,要求水电站自动化系统及其自动控制装置应具备高度可靠性、自治性、开放性,发展成为一个集计算机、控制、通信、网络、电力电子等新技术为一体的综合系统,LCU 应具备完备可靠的硬件结构、开放的软硬件平台和强大的应用系统,完成对电站生产设备有效的安全监控和经济运行。

PLC 和智能现地控制器都在朝着适应新的应用需求的方向发展,如 PLC 根据传统 PLC 的不足,开发新的功能模块或者结合 PLC 技术和 IPC 技术开发出相当于智能现地控制器的新产品。Schneider 公司开发了 ERT 模件,GE 公司融入了第三方的产品以满足水电站自动化对 SOE 的要求,GE Fanuc 2003 年推出了新产品 PACSystem,分别为 90-70 的升级产品 RX7i 和 90-30 的升级产品 RX3i 两个系列。与以前的 GE PLC 相比,最主要是 CPU 部分的彻底更换。RX7i 系列仍然采用 VME64 总线机架方式安装,CPU 采用 Intel PIII-700 处理器,集成 2 个 10/100M 自适应以太网卡,不需要另配以太网模件。主机架采用新型 17 槽 VME 机架,而扩展机架、I/O 模块、Genius 网络仍采用原 90-70 产品。从而使其在兼容以前产品的同时,性能得到了很大的提高。可以看出,自动化设备生产商都在不断努力开发新的产品,但有些改进并不是针对水电站自动化这个有一定特殊性的行业的,对水电站自动化来说重要的几点是:

(1)CPU 模件宜采用符合 IEEE1996.1 的嵌入式模块标准的低功耗 CPU,或符合工业环境使用的通用型低功耗 CPU。运行实时多任务的操作系统,以利于提高现地控制单元对实时事件的即时响应和处理能力,方便增加、集成水电行业的专用模块和特殊需求的功能。传统的 PLC 由于受其运行模式的限制,在测点数量大量增加、逻辑任务处理量或任务数增加的时候,会对运行处理周期产生较大影响;对现场的实时事件的响应也不够及时。这对实现大容量的大型水轮发电机组的高质量现地实时监控有着一定的欠缺。

(2)采用智能化的 I/O 模块,它除了可独立完成数据采集和预处理,方便分散布置,还可具备很强的自诊断功能,提供了可靠的控制安全性和方便的故障定位能力。

(3)标准化的网络连接,这里包括现场总线网和常用的以太网。LCU 往往通过现场总线(常用的有 CAN、ProfiBus-DP 等)向下连接着各种智能仪表、智能传感器和分级监控的子系统(如大型机组的温度、水系统等),通过高速网络(TCP/IP、工业以太网)连接厂级计算机监控系统。所以,LCU 必须遵循严格的国际开放标准(如 IEC 61158 等),对这两种网络提供有效的支持,提高现场不同厂家设备的组网能力、方便性和可维护性。

（4）提供对 SOE 既方便又有良好性价比的支持，提高现场事件信号分辨率，以满足水电站"无人值班（少人值守）"管理模式下对故障的产生原因进行准确分析的需求。目前大部分传统 PLC 对此需求还有所欠缺。

（5）提高控制安全性，应在 LCU 软硬件故障或异常的任何情况下，都不会有错误的控制信号输出。否则，就会造成电站生产设备损坏，甚至会造成电力系统事故。这是至关重要的一点，一般 LCU 对此尚无足够的重视。

（6）网络安全性，随着对通过 Ethernet 进行数据交换的需求日益提高，很多 LCU 厂家已经提供或正在开发 LCU 的 Ethernet 模件，或者在 LCU 中内嵌 Ethernet 功能和 Web 服务。无论外挂或内嵌式的 Ethernet 功能和 Web 支持都为应用提供了极大的便利，但是在用户得到应用便利的同时也受到网络安全的极大危险。攻击、入侵、病毒等都可能对控制系统造成致命的危害，所以，必须按照国家相关部委关于"电力二次系统安全防护"的规定认真执行。

（7）提高可靠性和可用性，由于水电站的特殊应用环境，要求 LCU 应具有很强的抗电磁干扰能力、抗浪涌能力和一定的抗振动能力。可以按要求组成冗余的热备系统，确保在监控系统中，无论是不相同的单部件故障还是主机和备机的切换都不会对控制造成影响。部分厂家的 LCU 还无法满足这些要求或指标太低。

（8）提高易用性，这也是用户考虑的一个重要方面。例如，南瑞公司的 SJ-600 就提供了功能强大的可视化交换式组态工具软件 MBPro，可以帮助用户方便地进行生产控制应用的生成、调试和维护。Schneider 公司也提供了完全重新设计的自动化软件 Unity，支持 Modicon Premium、Atrium 和 Quantum PLC。其他 LCU 厂家也提供或正在开发不同功能的非常有用的工具软件，用户在使用 LCU 方面将越来越方便。

现在我们可以确信的是，在各 LCU 生产厂家全面透彻地理解我国水电自动化领域对 LCU 的真正需求以后，都会认真地进行新产品开发。无论 PLC、智能现地控制器，还是 PCC、PAC，尽管它们在硬件结构、系统构成、工作原理、系统软件、应用功能等方面都存在大大小小的差异，但它们都可能在广泛的水电站计算机监控的应用中找到不同的定位（如一些 LCU 可以在要求比较低的小水电站中得到应用）。但是，要在大型、超大型电站得到很好的应用，则必须结合计算机技术、工业控制技术、通信技术、工业网络技术等方面的发展，不断进行 LCU 软硬件的技术更新。在未来几年内，对标准化、安全性、可靠性、开放性、可互操作性、可移植性的要求将是水电站用户至为关心的。我们相信自动化产品生产商在最近几年将会推出更多适合各领域个性化应用的控制器及新的功能，以满足不同用户不断增长的需求。

1.2 通信系统的最新技术与发展趋势

通信系统是水电站计算机监控系统的"神经系统"，它直接关系到整个监控系统的实时性、可靠性和安全性等方面。通信技术的现代化，已被公认为水电站电能生产现代化的重要条件和明显标志。随着计算机技术、测控技术和电子技术的飞速发展，在现代通信领域中，各种先进的通信技术、通信设备和通信手段层出不穷。如何提高通信系统的可靠性、准确性和实时性，以及如何扩大通信的距离，一直是通信系统设计和研究过程中必须考虑的关键性问题。本节通过分类列举出以下几种目前比较典型的通信系统,并对每种系统的优缺点以及适用的场合进行了对比和分析,以了解目前通信系统的最新技术与发展趋势。

1.2.1　最新技术

目前应用比较广泛、技术比较成熟的通信系统主要有以下几大类。

1. 应用专线的通信系统

对于测控距离较短、通信数据量大、通信频繁,且实时性、可靠性和保密性要求都很高的远程分布式计算机监控系统,一般采用自行架设专线(如电缆)来作为数据传输的通道。

系统主站(电站主控层的上位机)通过扩展的多个串行口及 MODEN,与各地的多个子站相连。子站(或主站)发送的数据通过串行口送给本地 MODEN 进行调制之后,通过专线传输给远方 MODEN,远方 MODEN 将收到的信号解调为数字信号,通过串行口送给主站(或子站)的 PC 机,从而实现集中管理。这种网络技术的关键是如何建立主站和各个子站之间的通信协议,以保证整个系统的实时性和避免冲突的产生,可以采用"快速巡查"或"定点查询"的方法来解决这一问题。这种通信系统不但在水电站计算机监控中应用,而且在交通、工业等领域的应用也十分广泛,比如铁路沿线行车信号灯的监控,就可以采用这种测控网络来实现。

2. 利用公用电话网的通信系统

在通信不是很频繁、通信数据量较小、实时性和保密性要求不高的场合,可以租用公用电话网,采用拨号方式建立临时连接的方式来实现通信。采用这种测控系统可以降低系统的硬件成本,缩短建网周期,实现高速高效的目的。

该系统中的每个子站只需要定时采集被控对象的状态数据,并保存在自己的数据库中;主站则只能在屏幕上面按状态数据库所保存的最新数据显示各测控对象的状态。当需要检测远方测控对象的状态或对其执行操作时,主站从自己的数据库中找到对应子站的电话号码,通过拨号方式向子站发出"握手信号",相应的子站接收到"握手信号"后执行摘机命令,从而建立起主站和子站之间的通信渠道。由于这种测控系统的实时性和保密性都比较差,因此只用在一些了解远方测控对象的运行状态和提前预防事故的场合。

3. 采用光纤通道的通信系统

利用光缆传输测量与控制数据,可以充分发挥光缆传输稳定性好、抗干扰能力强、传输容量大等优点。

在这种系统中,光纤收发器是主要的设备,它的作用是进行电光、光电转换,并可以直接接收串行口的控制信号,有些光纤收发器还兼具有以太网接入功能。考虑到系统的高稳定性和高可靠性,在设计过程中必须慎重选择串行接口和光纤收发器。这种通信系统的投资较高,但由于其抗干扰和抗雷击能力强,并且通信质量优越,因此在水电站及电力系统的远距离不间断监控中得到了广泛应用。

4. 基于 Internet/Intranet 的通信系统

测控系统以计算机为中心、以网络为核心的特征日益明显。使用 Internet/Intranet 的通信系统,使人们从任何地点、任何时刻获取到测量信息(或数据)的愿望成为现实。

实现该系统必须解决许多关键性问题,比如数据传输的可靠性、准确性和实时性;网络数据库的连接和更新的动态性、实时性,以及其有很高的编程效率和很好的兼容性等;TCP/

IP 协议和现场总线协议的兼容性,真正达到数据畅通无阻;此外,网络的安全性也是一个不容忽视的环节。基于 Internet/Intranet 的网络化通信系统适用于异地或者远程控制和数据采集、故障监测、报警等,其应用范围也十分广泛。

5. 基于无线通信的通信系统

对于工作点多、通信距离远、环境恶劣且实时性和可靠性要求比较高的场合,可以利用无线电波来实现主控站与各子站之间的数据通信。采用这种通信方式有利于解决复杂连线,无需铺设电缆或光缆,降低了环境成本。

这种通信系统的关键是要使射频模块的接收灵敏度和发射功率足够高(可以采用专业无线电台来替代射频模块),以扩大站点间的距离,同时还需要考虑无线电波波段的选择;无线通信调制解调器已经有许多比较成熟的产品,可以根据实际需要来选择。基于无线通信的通信技术,其缺点是抗干扰能力差,因此在水电站及电力系统中的应用受到限制,目前仅应用于距离相对较远的电网层计算机监控系统。

1.2.2　发展趋势

通信技术是计算机监控领域发展的主要方向之一。各种新技术、新器件、新理论的出现和计算机网络的飞速发展,必将给通信技术的发展和应用提供广阔的天地。

1. 数据传输方式朝复合式、多样性发展

随着今后测控距离的不断扩大以及监控系统复杂度的不断增加,单一的数据传输方式往往不能胜任要求;在一个远程计算机监控系统中采取多种数据传输方式相互配合使用,可以降低系统的实现难度,有利于整个系统的模块化处理。

2. 进一步融合 EMIT(嵌入式微型因特网互联技术)和 ECS(嵌入系统)技术

进一步融合 EMIT(嵌入式微型因特网互联技术)和 ECS(嵌入系统)技术使现场数据采集和控制子系统的智能化程度得到提高,且能够更方便地与通信中心建立起通信渠道。随着微处理器和嵌入式技术的发展,监控系统的 IO 系统的智能化程度将进一步提高,这样就可以大大减低主控机 CPU 的负担,使整个系统的实时性和测控性能提高;同时,高智能化的数据采集和控制子系统可以很方便地通过 Internet/Intranet 将通信距离无限扩展。

3. 基于虚拟仪器的监控网络将是通信技术发展的一个方向

随着虚拟仪器技术的快速推广和发展,实现通信系统基于 Internet/Intranet 的通信能力大大提高,基于虚拟仪器和网络技术的通信网络将成为科学研究和生产自动化控制系统的重要组成部分。

在我国,通信技术的发展方兴未艾。可以预见,通信技术必将随着我国相关技术的发展而逐步成熟和完善,各种功能的通信系统在不远的将来会广泛地使用在社会的各个领域,通信技术的新发展也必将给水电站及电力系统的计算机监控领域注入新的活力。

1.3　数据库与软件的最新技术与发展趋势

1.3.1　数据库最新技术与发展趋势

目前,水电站计算机监控系统的数据库广泛采用专用实时数据库和商用历史数据库相结合的形式,专用实时数据库一般由监控系统的生产厂家自行开发,而商用历史数据库采用关系型数据库系统,如 SQL Server、Oracle 等。本书的第 4 章专门介绍了数据库应用与开发的最新方案和技术,这些技术包括数据库的集成化技术,数据库的面向对象开发技术,数据库的管理、安装及维护技术等。数据库系统是水电站监控系统的核心,数据库系统的优劣直接影响到整个监控系统的实时性、可靠性、安全性、可扩性以及可维护性。

目前,在水电站计算机监控系统中的数据库系统还存在诸多不足:①专用实时数据库和商用历史数据库虽然可以集成在一起,但这种集成会带来一些负面的影响,如集成的有缝性、集成化加大资源的开销、集成化对实时性产生影响、集成化引起数据失真等;②专用实时数据库由生产厂家自行开发,缺少统一的标准,不利于监控系统的扩展和维护;③历史数据库采用关系型数据库,其不支持可扩展标记语言(XML)数据的处理方式或支持非常生硬,而 XML 作为目前最流行的一种标准数据格式,它能为不同应用程序间的数据交换和不同系统间的集成提供强大的机制;④水电站计算机监控系统的分层分布式结构使其比较适合采用分布式数据库,而采用关系型数据库管理系统很难保障各分布点数据库的数据一致性;⑤目前的数据库系统对事务处理能力较差,只能支持非嵌套事务,对长事务的响应较慢,而且在长事务发生故障时恢复也比较困难。

从数据库的发展历史来看,第一代数据库为层次和网状数据库系统,其代表是 1969 年 IBM 公司研制的层次化模型数据库管理系统 IMS(Information Management Systems)。第二代为关系型数据库系统,它以关系模型为基础,目前开发的系统大多是基于关系型数据库的。目前数据库系统正朝着第三代数据库系统发展,日前 IBM 公司推出的混合型数据库 DB 29 已向第三代数据库迈进了一步,虽然第三代数据库系统是采用混合型数据库还是"纯的 XML 数据库"尚未定论,但人们对其基本特征已有了共识:

(1)第三代数据库系统除了现有的数据管理服务外,还应支持更加丰富的对象结构和数据规范,应集数据管理、对象管理和知识管理为一体,支持面向对象(OOP)数据模型,支持 XML 数据格式。

(2)对 XML 的支持是第三代数据库的重要特性,第三代数据库必须在保持和继承第二代数据库系统的技术基础上有新的突破,如能同时存储和查询 XML 数据和关系型数据,而不用进行数据转换。用户不仅可以使用同一个数据库对象同时管理传统的 SQL 数据和 XML 文档,甚至还可以编写一个同时对这两种数据形式进行搜索和处理的查询。

(3)第三代数据库系统必须是开放的,支持数据库语言标准,支持标准网络协议,具有良好的可移植性、可连续性、可扩展性和可互操作性等。

1.3.2　软件最新技术与发展趋势

水电站计算机监控系统的软件是整个监控系统的"灵魂",其形式丰富、层次复杂。从其作用方面划分可分为智能化设备软件、现地监控软件、网络通信软件、上位机软件以及人机接口软件等;从层次上划分可分为操作系统软件、数据库软件、应用支持软件、应用软件等。关于水电站计算机监控的软件系统在第 6 章已作较为充分的介绍,其最新技术包括软件的层次化构建技术、软件的面向对象(OOP)分析技术、软件的 UML 建模技术、软件的开发技术、软件的安装和维护技术等。

软件是随着硬件的发展而不断向前发展和推进的,软件的最终目标是使硬件发挥其最大效能。软件的发展主要有以下一些趋势：自动化设备软件的智能化趋势，现地监控软件的组态化趋势，通信软件的标准化趋势，上位机软件的网络化趋势，人机接口软件的多媒体化趋势等。

1.4 水电站计算机监控技术的总体现状与发展趋势

目前，对水电站计算机监控系统可以理解为由水电站计算机状态监控系统、水电站计算机视频监控系统、水电站厂内经济运行系统、水电站微机调速系统、水电站微机励磁系统等构成的一个集成化的综合的自动化监控系统。其范围涉及水电站水轮发电机组、水轮发电机组附属设备、升压站及公用设备、水轮机组辅助设备以及其他水工设施。

水电站计算机监控技术作为一种综合的技术，它将伴随着水电站硬件技术、计算机技术、通信技术、数据库技术、网络技术和自动化监控技术的不断发展而不断向前推进，各种子系统如水电站闸门监控系统、水电站厂内水资源综合调度系统、水电站水情测报系统、水电站大坝安全监控系统以及水电站无线通信系统等将不断集成到水电站计算机监控系统之中，水电站全计算机监控系统的概念将逐渐得到呈现和清晰。同时，水电站计算机监控系统也将不断融合进梯级水电站计算机监控系统和电网级计算机监控系统之中，成为电力系统计算机监控系统的一个不可缺少的组成部分。

水电站计算机监控技术是一门新兴的学科，它能够博采硬件工程、软件工程、通信工程、系统论、信息论和控制论等诸多学科之长，并逐步形成具有自己特长的、多学科融合和交叉的一门新兴的科学体系。

目前，许多水电站采用计算机监控技术提高了水电站的运行和管理水平，并不断地向"无人值班"（少人值守）的方向发展，但这还远远不够，我们迫切需要继续研究水电站综合自动化系统领域的关键技术，以进一步提高水电站的运行管理水平和综合自动化水平。

拓展二 水电站计算机监控系统的 相关标准

DL/T 578-1995《水电厂计算机监控系统基本技术条件》的部分内容

3 术语

3.0.1 电站级(或主控级)(Power Plant Level):指水电厂一中央控制一级。

3.0.2 现地控制单元级(Local Control Unit):指水电厂一被控设备按单元划分后在现地建立的控制级。

3.0.3 人机接口(Man—Machine Interface):指操作人员与计算机监控系统设备的联系。等同人机通信(MMI)或人机联系。

3.0.4 通信接口(Communication Interface):计算机与标准通信系统之间的接口。

3.0.5 局部网(Local Area Network):局部区域计算机网络的简称。

3.0.6 点设备(Point):输入输出接口设备。点的分类含义如下:

(1)报警点。(Alarm Point):它用于输入能产生报警功能的信息。

(2)加点(Accumulator Point):它接收脉冲数字输入信号,累加到脉冲计数的总数中去。

(3)模拟点(Analog Point):它输入模拟量完成模数转换。

(4)控制点(Control Point):它输出实现控制功能的信息。

(5)指示(状态)点[Indication (Status) Point]:它接收作为指示功能的数字信号输入。

(6)事件顺序点(Sequence of Event Point):它接收实现寄存事件顺序功能的数字信号输入。

(7)备用点(Spare Point):指没有被使用但已经配好线和有设备的点。

(8)布线点(Wired Point):这些点的公用设备、布线和空间位置均已提供,要使用这些点只需要加入硬插件。

(9)空位点(Space on Point):机柜中留下的点设备空间位置,可供将来添加插件、设备、机箱和布线。

3.0.7 数字量(Digital Quantity):用编码脉冲或状态所代表的变量。

3.0.8 模拟量(Analog Quantity):连续变化量,它被数字化并用标量表示。

3.0.9 数据(Data):数字量或模拟量含义的数值表示。

3.0.10　比特率(Bit Rate):传送二进制位的速度。单位为每秒传送的位数。

3.0.11　波特(Baud):信号传输速度的一种单位。它等于每秒内离散状态或信号事件的个数。在每个信号事件表示一个二进制位的情况下,波特和每秒比特数一样;在异步传输中,波特是调制率的单位,它是单位间隔的倒数。若单位间隔的宽度是 20ms,则调制率是 50 波特。

3.0.12　信息(Information):根据数据表示形式中所用的约定赋予数据的意义。

3.0.13　报文(Message):用于传递信息的字符有序序列。

3.0.14　事件(Event):系统或设备状态的离散变化。

3.0.15　分辨率(Resolution):被测量可能被识别的最小值。

3.0.16　事件分辨率(Event Resolution):事件发生时间的可识别的最小值。

3.0.17　状态(State):指元件或部件所处的状态。例如,逻辑"0"或"1"。

3.0.18　状况(Status):描述一个点或一台设备或一个软件工作状况的信息。例如,点报警状态、点禁扫状态。

3.0.19　禁止(Disable):阻止某个特定事件处理的命令或条件。

3.0.20　允许(Enable):允许某个特定事件处理的命令或条件。

3.0.21　人工操作(Manual Operation):通过人机接口对被控设备进行操作。

3.0.22　响应时间(Response Time):从启动某一操作到得到结果之间的时间。

3.0.23　平均故障间隔时间(Mean-Time-Between Failures):工作设备的故障之间所能期望的时间(小时)。

3.0.24　平均维修时间(Mean Time to Repair):使故障设备恢复正常工作所能期望的时间(小时)。

3.0.25　电磁相容性[Electromagnetically Compatibility (EMC)]:设备对外界电磁场容忍能力的一种量度。

3.0.26　电磁干扰[Electromagnetic Interference (EMI)]:从设备中辐射出电磁场的一种量度。

3.0.27　有功功率联合控制(Joint Control of Active Power):在电厂内调整有功功率以如此方式进行,即让被控制的多台发电机组的行为同单台机组的行为一样。其发电机联合组成和执行控制规律是按照电厂控制任务特性来确定的。

3.0.28　无功功率联合控制(Joint Control of Reactive Power):在电厂内调整无功功率以如此方式进行,即让被控制的多台发电机组的行为同单台机组的行为一样。其发电机联合组成和执行控制规律是按照电厂控制任务特性来确定的。

3.0.29　厂内自动发电控制(Automatic Generation Control):水电站自动发电控制是电力系统自动发电控制的一个子系统。它的任务是:在满足各项限制条件的前提下,以迅速、经济的方式控制整个电站的有功功率来满足系统的需要。

3.0.30　厂内自动电压控制(Automatic Voltage Control):水电站自动电压控制是电力系统自动电压控制的一个子系统。它的任务是按厂内高压母线电压及全厂的无功功率进行优化实时控制,以满足电力系统的需要。

4.3　现地控制单元级结构

4.3.1　现地控制单元级可以选用下列设备装置：

a.工业控制微机；

b.高性能的可编程控制器；

c.工业控制微机加可编程控制器。

4.3.2　现地控制单元是实现水电厂计算机监控的关键设备,根据计算机监控系统实用要求,其结构配置可为：

a.双重化冗余结构；

b.局部双重化冗余结构；

c.多处理器非冗余与简化常规设备相结合的结构。

4.3.3　现地控制单元应能独立运行,具有现地监控手段。

5.1　数据采集

5.1.1　数据类型：

a.模拟量；

b.数字输入状态量；

c.数字输入脉冲量；

d.数字输入 BCD 码；

e.数字输入事件顺序量；

f.外部链路数据。

5.1.2　现地控制单地(级)数据采集：

a.应能自动(定时和随机)采集以上各类实时数据；

b.事故及故障情况下,应能自动采集事故、故障发生时刻的各类数据。

5.1.3　电站控制单元(级)数据采集：

a.自动(定时和随机)采集各现地控制单元的各类实时数据。

b.自动接收各调度级的命令信息(任选项)。

c.自动接收电厂监控系统以外的数据信息(任选项)。

5.2　数据处理

数据处理应定义对每一设备和每种数据类型的数据处理能力和方式,以用于支持系统完成监测、控制和记录功能。

5.2.1　模拟量数据处理：

应包括模拟数据的滤波、数据合理性检查、工程单位变换、模拟数据变化及越限检测等,并根据规定产生报警和报告。

5.2.2　状态数据处理：

应包括防抖滤波、状态输入变化检测,并根据规定产生报警和报告。

5.2.3　事件顺序数据处理：

应记录各个重要事件的动作顺序、事件发生时间(年、月、日、时、分、秒、毫秒)、事件名称、事件性质,并根据规定产生报警和报告。

5.2.4　计算数据：

a.功率总加；

b.脉冲累积、电度量或分时电度量的累计；

c.主辅设备动作次数和运行时间等维护管理统计；

d.水量、耗水率、效率等计算（任选项）。

5.2.5　主要参数趋势分析处理（任选项）。

5.2.6　事故追忆处理（任选项）。

5.2.7　相关量处理（任选项）。

5.6　系统通信

5.6.1　监控系统与各调度级的调度自动化系统间的通信：

为满足调度自动化系统对电厂的遥测、遥信、遥调及遥控功能，监控系统应可随时接受各级调度的命令信息，并向它们发送电厂实时工况、运行参数及有关信息。

5.6.2　监控系统与电厂其他计算机系统之间的通信：

a.与水情自动化测报系统的通信（任选项）；

b.与厂内办公室管理系统的通信（任选项）。

5.6.3　监控系统内电站级与现地控制单元的通信：

a.数据采集；

b.传送操作控制命令；

c.通信诊断。

5.6.4　时钟同步控制：

监控系统（电站级和现地控制单元级）的时钟同总调度自动化系统的时钟应能进行同步控制。

7　软件基本技术要求

7.1　操作系统

7.1.1　提供的操作系统应是实时多重任务执行程序系统、交互式分时操作系统或多道程序通用日标虚拟存贮器系统。

7.1.2　操作系统应满足如下要求：

a.操作系统在所提供的硬件构造中应有实用成功的经验；

b.对计算机设备制造单位支持的实时操作系统不宜进行修改，对其末使用部分可进行调节；

c.为提高计算机利用率和响应时间，操作系统应具有以优先权为基础的任务调度执行，资源管理分配以及任务间通信和控制手段，优先级至少有 32 级；

d.应具有输入输出设备的直接控制能力；

e.应能有效地执行高级语言程序；

f.能执行诊断检查，故障自动切除；

g.对系统的启动、终止、监视、组态和其他联机活动应有交互式语言和命令程序支持；

h.应通过任务名称、数据名称和操作标号实现软件相互连接；

i.为系统生成提供服务。

现地控制单元级的操作系统应根据实际应用环境对上述要求进行简化。

7.2　支持程序和实用程序

7.2.1　系统服务软件中应该配备成熟适用的支持程序和实用程序。

7.2.2　应提供的支持程序和实用程序及其特性要求如下：

a.具备有效的编译软件，以进行应用软件的开发。这些编译软件包括标准的汇编语言编译程序、高级语言编译程序、交互式数据库编译程序、交互式图像编译程序、交互式报代编译程序等；

b.具有容易使用和代码汇编的连接装配程序；

c.具有对应用软件进行检验和修改的实用程序；

d.具有存贮器转贮的实用程序。

7.3　数据库

集中式或分布式数据库应能满足如下要求：

a.数据库的结构定义应包括电厂监控和管理所需要的全部数据项；

b.支持快速存取和实时处理；

c.能控制数据的完整性和统一性；

d.能在线设定或修改数据；

e.有专门软件支持数据库建立和修改；

f.能对模拟输入量进行测量死区、零读数死区、报警死区和越限检查处理；

g.能对模拟输入量进行工程单位变换处理；

h.为改善实时数据处理能力，在实时数据库中采用报警允许或控制闭锁等相关数据计算。

10　试验和检验

10.1　试验和检验阶段

本系统所使用的设备和部件应是通过了型式试验的合格产品；在设备生产和安装的各个阶段应该分别进行规定的试验和检验；最后的系统验收阶段分别为：

a.出厂试验和检验，这一试验阶段是在制造单位厂家完成设备出厂前的型式试验和预验收试验后，由制造单位和用户共同进行的系统设备出厂试验；

b.现场试验和检验，现场试验和检验是在设备到现场之后，由用户和制造单位厂家共同进行的安装投运的试验和检验；

c.可用性检验，当用户要求在现场实行这项检验时，其最终验收可于本系统设备投运时间满一年后进行。

10.2　试验和检验项目（内容）

出厂试验和现场试验阶段的试验和检验项目不需要全部重复。出厂试验项目应尽可能全面完整，包括有完整仿真的控制和调整试验，工厂试验能够替代现场试验的项目，在现场试验阶段可以考虑减免。

某些试验项目，如温度、湿度、耐冲击电压能力、抗干扰能力、满载或过载等，一般可能已在别的阶段或其他同样设备上进行，根据试验记录的完整性和真实性，在出厂试验和现场试验可能免除。当用户要求进行这些项目的试验时，应在有关文件中明确规定。

10.2.1　硬件设备试验和检验项目：

a. 试验和检验文件的检查；

b. 质量保证措施及检验报告的检查；

c. 试验和检验记录及缺陷处理记录的检查；

d. 设备工艺质量检查；

e. 设备配置检查；

f. 一般电气性能试验；

g. 定义的功能和性能试验；

10.2.2　软件功能试验和检验项目：

a. 试验和检验文件的检查；

b. 设计文件、操作手册和维护手册的检查；

c. 预验收记录和缺陷处理记录的检查；

d. 数据库软件测试；

e. 数据采集软件测试；

f. 人机接口软件测试；

g. 应用软件测试；

h. 通信软件测试；

i. 诊断软件测试；

j. 系统性能测试；

k. 系统维护测试。

12.2　设计文件

由制造单位提供的设计文件是制造单位根据用户的设计文件、技术规范书或招标书，进行系统设备制造所编制的图纸和说明书。它们应该包括：

a. 硬件系统框图（或配置图）及设备清单；

b. 模件原理图；

c. 机柜的设备布置图及布线图；

d. 软件系统结构设计文件；

e. 系统软件和应用软件清单；

f. 操作系统、支持程序、实用程序、数据库、数据采集软件、人机接口软件及通信软件使用说明；

g. 应用软件流程图（顺控）、源程序及说明；

h. 全部外购设备所附一文件。

12.3　安装文件

a. 端子图及内部连接图；

b. 设备安装开孔和固定连接图；

c. 设备接地连接图；

d. 安装说明书。

12.4　操作文件

制造单位应为运行操作员编制使用本系统设备的操作说明书。

12.5　维护文件

制造单位应为程序员编制维护文件,包括下列内容:

a.正常维护说明书;

b.故障检查及修复说明书。

12.6　试验文件

制造单位应提供系统设备在工厂和现场各试验阶段的文件。

DL/T 5065-1996《水力发电厂计算机监控系统设计规定》的部分内容

2.0.1　根据计算机在水电厂监控系统中的作用及其与常规设备的关系,水电厂可采用以下几种类型的监控系统:

1)取消常规设备的全计算机监控系统;

2)以计算机为主、常规设备为辅的监控系统;

3)以计算机为辅、常规设备为主的监控系统。

2.0.2　计算机监控系统的硬件应包括以下几个部分:

1)电厂级计算机系统;

2)人机联系设备;

3)现地控制单元;

4)通信设备;

5)电源及其他设备。

电厂级也可采用多台微机,分别承担各项监控功能。在这种情况下,全计算机监控系统中承担重要功能的装置应双重设置。

2.0.6　现地控制单元应按下列原则设置:

1)每台机组设一台,置于机旁;

2)全厂公用部分设一台,如果被控设备布置很分散或厂房有地下和地面两大部分时,也可设置两台;

3)开关站设一台,一般置于保护盘室;

4)根据需要,可设一台负责闸门启闭、水位监视的控制单元,置于坝上,如果有关的监控量较少,也可由其他现地控制单元兼管。

3.1　一般设计原则

3.1.1　全计算机监控系统电厂级应按下列原则进行设计:

1)监控系统的电厂级采用计算机作为唯一的监控设备,计算机系统应高度可靠,与电厂的安全运行密切相关的设备应双重化设置;

2)为了方便运行,中控室设模拟屏,信息来自计算机系统。

3.1.2　以计算机为主、常规设备为辅的监控系统电厂级应按下列原则进行设计:

1)电厂的正常运行完全依靠计算机系统,计算机系统中与电厂的安全运行密切相关的设备应双重化设置;

2)中控室应设简化的模拟屏,屏上仅设需经常监视的仪表和各安装单位的总事故、总故障信号,信息直接来自生产过程。也可以在模拟屏(必要时也可在控制台)上设置少量的操作、调整开关,作为电厂级控制手段的备用。

3.1.3　以计算机为辅、常规设备为主的监控系统电厂级应按下列原则进行设计:

1)电厂的中控室有完整的常规监控设备(模拟屏和控制台);

2)计算机系统主要完成常规监控设备不能完成的某些功能,例如自动经济运行、电厂主要运行参数的监视、电厂运行数据处理和事件顺序记录等;

3)一般设单机系统,也可采用专功能微机装置。

3.1.4　不设常规机组自动盘的机组现地控制单元应完成数据的采集处理、与电厂级交换信息及机组工况转换的顺序操作,并应能通过调速器和励磁调节装置调节有功功率和无功功率。

在这种情况下,现地控制单元的结构应采用以下三种方式之一:

1)由含一组中央处理器的现地控制单元和独立的手动分步集中操作设备组成;

2)由含一组中央处理器的现地控制单元和一台可编程控制器组成,手动分步集中操作通过可编程控制器完成;

3)由含两组中央处理器的现地控制单元组成,手动分步集中操作通过现地控制单元实现。

3.1.5　保留常规机组自动盘的现地控制单元除应负责数据采集、处理及向电厂级传送信息外,还应接收电厂级下达的操作、调节命令,通过机组自动盘、调速器、励磁调节器执行。

3.1.6　不应采用现地控制单元与常规机组自动盘并列负责顺控的方式。

3.1.7　现地控制单元应能独立运行,完成其承担的现地功能。

3.3　硬件选择

3.3.1　应按下列原则选择监控系统的硬件:

1)选择适合于工业控制、配有多任务实时操作系统的机型,还应考虑系统内机型尽可能一致;

2)选用成熟、可靠的工业产品设备,设备应具有较好的可维护性、可扩性和较高的性能价格比。

3.3.2　主计算机系统的选择应能满足系统的功能及性能指标的要求,容量应有相当的发展裕度。

3.3.3　现地控制单元可采用以下三种方式构成:

1)微机系统;

2)微机系统加可编程控制器;

3)以可编程控制器为基础的设备。

3.3.4　现地控制单元通过显不和操作设备提供现地人机对话功能;并应配置与调试设备联系的接口,以备调试使用。

3.3.5　全计算机和以计算机为主的监控系统宜配置两个运行人员控制台,每个控制台包括两台屏幕显示器及相应的键盘控制设备。两个控制台互为备用,宜采用高密度彩色屏幕显示器。

计算机为辅的监控系统宜配一个控制台,控制台包括一台屏幕显示器及与其相应的键盘等控制设备和扫印机。

3.3.6　应配置用于设备维修、程序开发的程序员终端或工程师工作站。

3.4　软件技术要求

3.4.1　计算机监控系统应配备能够完成全部功能的软件系统,包括系统软件、支持软件和应用软件。

3.4.2　系统软件和支持软件应成熟可靠,操作系统应采用适用多任务实时控制的系统。数据库应响应快,可扩性好,使用方便。

3.4.3　应配备高级语言编译程序和自诊断、自恢复程序,支持软件应支持汉字打印和显示功能。

3.4.4　应用软件应采用模块化结构,便于扩充功能和修改参数、画面和操作流程。

3.5　二次接线

3.5.1　计算机监控系统应与电厂的其他控制、保护、二次接线系统统一考虑,使全厂的监控设备形成完整系统。

3.5.2　开关量输入宜以无源触点方式送入监控系统。各开关量应尽可能直接取自事件的初始触点,如断路器和隔离开关的辅助触点。在不得已的情况下,也可取自中间继电器或信号继电器的触点,同时在软件中应对由此造成的时滞予以修正。开关量输入应经光电耦合隔离,并采取硬件、软件措施,以防止干扰、触点抖动和浪涌的影响。

3.5.3　除温度量外,模拟量输入取自变送器,以直流电流或电压的形式送入监控系统。温度量则用热电阻或热电偶输入,监控系统应配有专用模板。监控系统宜与常规仪表或其他自动化系统合用变送器。如果常规仪表采用选测接线,则应有保证计算机数据采集连续性的措施。模拟量输入除应有软件滤波措施外,还应有光电隔离等抗干扰措施。

3.5.4　各种电量和非电量变送器的输出值宜为 4～20 mA 或 0～±5V,优先采用 4～20 mA。

3.5.5　发电机的转子电压、转子电流变送器的绝缘水平应适于在转子回路中运行。

3.5.6　模拟量输出值宜为 4～20 mA 或 0～±5V,应尽量采用 4～20 mA。

3.5.7　开关量输出宜采用无源触点的方式。如果触点的容量小于所驱动的执行机构的容量,则应通过中间继电器适配。

5.1　场地与环境

5.1.1　计算机室场地应符合 GB 2887-89《计算机场地技术条件》的规定。应尽可能避开强电磁场、强振动源和强噪音源的干扰。应选用抗干扰能力强的设备,采用合适的屏蔽措施,使设备能够可靠运行。

5.1.2　计算机室宜与中央控制室处于同一层,且尽可能邻近。

5.1.3　计算机室应保持室温为 18～24℃,温度变化率每小时不超过±5℃,湿度为 40%～70%。

5.1.4　计算机室及其辅助用房的面积应根据实际需要选定,净高宜为 2.8～3.2 m。

5.1.5　计算机室应防尘,应达到设备规定要求的空气清洁度,必要时应对部分设备设置净化间。

5.1.6　计算机场地的防火设计应符合 SDJ 278-90《（水利水电工程设计防火规范）的规定。

5.1.7　计算机室地面应采用防静电材料，一般选用活动地板，地板下部空间的高度不小于 30 cm。

5.1.8　中央控制室的场地条件应根据监控系统布置在中央控制室的设备对场地的技术要求来确定。

5.1.9　现地控制单元的场地环境温度应保持为 0～40℃，施工期间应对其采取专门防尘措施。

5.2　电源

电厂级计算机系统的电源应高度可靠，采用不间断电源供电。对于全计算机和计算机为主、常规设备为辅的监控系统，不间断电源宜采取双重化等冗余措施。

5.2.2　现地控制单元应采用不间断电源或逆变电源供电。

5.2.3　电源质量应符合设备要求。不间断电源和逆变电源应有隔离、滤波等措施。交流电源消失时，不间断电源系统应能维持监控设备正常工作 30 min 以上。

DL/T 822-2002《水电厂计算机监控系统试验验收规程》的部分内容

9.6　控制功能测试

9.6.1　测试要求

通过各种人机接口设备（如现地/厂站，键盘/按钮等）发出控制命令或模拟启动条件启动控制流程。

各种命令或启动条件所引发的控制操作（包括成功与失败）、提示、登录、报警及相应处理等应满足受检产品技术条件规定，且最终的控制流程及设置的有关参数应与现场设备要求一致。

9.6.2　工厂试验和检验及出厂验收阶段测试

用模拟装置或仿真程序模拟控制对象行为。

工厂试验阶段应对全部控制流程及每一流程的全部分支进行测试。

出厂验收阶段，可在检查工厂试验记录的基础上按双方商定的试验大纲规定内容对部分流程进行抽检、复查。

9.6.3　现场试验和验收阶段测试

9.6.3.1　水轮发电机组

a)蜗壳充水前的试验，其步骤为：

1)关闭机组进口闸(阀)门，拉开机组出口隔离开关。

2)断开"开启进口闸(阀)门"、"合出口隔离开关"及其他不允许操作的设备的操作回路，接入万用表或其他监测器具。

3)从生产过程接口处断开机组转速、端电压等模拟量输入信号的电缆，从生产过程接口处断开进口闸(阀)门位置、出口隔离开关位置等状态量输入信号电缆，接入相应的模拟信号发生器。

4)启动控制流程，并根据流程进展人工改变外加模拟信号以满足流程要求，检查流程执行的正确性及有关参数设置的正确性。

b)水轮发电机组实际工况转换操作试验,其步骤为:

1)取消蜗壳充水前试验时所做措施。

2)水轮发电机组及相应现地控制单元处于正常工作状态。

3)从 LCU 人机接口,对水轮发电机组进行实际工况转换操作试验,检查流程执行的正确性及有关参数设置的正确性。

4)从上位机人机接口对水轮发电机进行实际工况转换操作试验。

9.6.3.2　其他设备(包括开关站、公用、坝区等的设备)

a)手动模拟试验,其步骤为:

1)在被控对象端将控制及信号反馈回路断开,接入相应的监测器具及模拟信号发生器。

2)启动控制流程,根据流程进展人工改变外加模拟信号以满足流程要求,检查流程执行及有关参数设置的正确性。

b)实际操作试验,其步骤为:

1)取消手动模拟试验时所做措施,被控设备及相应现地控制单元处于正常工作状态。

2)对被控对象进行实际的工况转换操作试验,检查流程执行及有关参数设置的正确性。

9.6.3.3　试验注意事项

a)在现场试验前需根据试验内容制定试验大纲,明确每项试验需要现场完成的安全防护措施和需要补充的外接监测器具及模拟信号,经电厂批准后方可实施,以确保试验安全。

b)试验过程中若发现受检产品技术条件所规定的控制流程或有关参数与实际生产过程不符时,应按实际生产过程要求拟订修改方案,经双方确认后实施。

c)控制流程作重大修改后,必要时,应在蜗壳充水前或手动模拟条件下进行包括主流程及全部分支的全面测试检查。

9.7　功率调节功能测试

9.7.1　工厂试验和检验及出厂验收阶段测试用外部模拟装置或内部程序模拟被控对象行为。试验包括:

a)通过人机接口设备设置有功功率、无功功率给定值,检查功率调节执行的正确性。

b)根据受检产品技术条件要求或受检计算机监控系统所具有的机组功率调节的限制、保护功能(例如最大、最小功率限制,最大定子电流限制,最大转子电流限制,调节超时,负荷差保护等)及限制保护动作条件,改变输入的模拟量信号值或数字量信号状态,检查有功功率调节的限制、保护动作的正确性。

9.7.2　现场试验和验收阶段的调整与测试

9.7.2.1　有功功率调节试验

a)检查与有功功率调节有关的各项限值及保护参数,应确保无误。

b)退出有功功率及无功功率自动调节流程。

c)执行机组"发电"流程,使机组开机、并网。

d)手动将机组有功功率带至振动区以外。

e)投入有功功率调节流程。

f)在避开振动区的前提下,有功功率给定值突变±10%或其整数倍,直至运行中可能出现的最大突变值,改变有功功率调节参数,使有功功率调节品质满足现场运行要求。

g)根据电厂水头变化情况,必要时应在不同水头时重复本项试验,以确定各种水头下对应的最佳有功功率调节参数。

h)在试验过程中监视并手动调整机组无功功率,以满足运行需要。

9.7.2.2　无功功率调节试验

a)检查与无功功率调节有关的各项限值及保护参数,应确保无误。

b)退出有功功率及无功功率调节流程。

c)执行机组"发电"流程,使机组开机、并网。

d)投入无功功率调节流程。

e)在机组运行条件允许的前提下,无功功率给定值突变±10％或其整数倍,直到运行中可能出现的最大突变值,改变无功功率调节参数,使无功功率调节品质满足现场运行要求。

f)在试验过程中监视并手动调整机组有功功率,以满足运行需要。

9.10　人机接口功能检查

a)检查画面显示和拷贝的正确性。

b)通过改变从生产过程接口输入的数据及状态,检查画面动态显示的正确性。

c)检查控制命令的正确性、唯一性、可靠性。

d)检查参数、状态设置或修改的正确性、可靠性。

e)检查报警、提示、音响、屏音、登录、授权的正确性。

f)检查各种报表、打印的正确性。

g)检查历史资料查询的正确性。

h)操作未定义的键,系统不得出错或出现死机。

i)受检产品技术条件规定的其他人机接口功能的检查。

上述各项人机接口功能应符合受检产品技术条件要求。

9.11　外部通信功能测试

根据受检产品技术条件规定,对受检系统与各级调度及其他外部系统和设备(如与水情、厂内信息管理系统以及保护、自动装置、智能仪表等)的通信功能,根据通信规约用 PC 机模拟通信对测或直接用实际设备进行测试,应满足受检产品技术条件规定。

对具有冗余配置的通道,人为退出工作通道,其备用通道应自动投入工作,在切换过程中不得出错或出现死机。

9.13　应用软件编辑功能测试

根据受检产品技术条件规定,对受检产品的应用软件编辑功能(如各种画面、测点定义、表格、控制流程的修改与增删等)进行测试,应满足受检产品技术条件规定。

9.14　系统自诊断及自恢复功能测试

a)系统加电或重新启动,检查系统是否能正常启动。

b)模拟应用系统故障,检查系统是否自恢复。

c)模拟各种功能模件、外围设备、通信接口等故障,检查相应的报警和记录是否正确。

d)对热备冗余配置的设备(如主机、网络、现地控制单元等),模拟工作设备故障,检查备用设备是否自动升为工作设备、切换后数据是否一致、各项任务是否连续执行.不得出现死机。

9.16 实时性性能指标检查及测试

9.16.1 实时性性能指标检查

检查数据采集周期及 AGC、AVC 有关执行周期等参数的设置值,应符合受检产品技术条件规定。

9.16.2 实时性性能指标测试

a)模拟量输入信号突变到画面上数据显示改变时间测试,结合 9.1.2 在模拟量输入信号突变条件下进行。

b)数字量输入变位到画面上画块或数据显示改变或发出报警信息、音响的时间测试,结合进行。

c)控制命令执行时间测试,结合 9.6 进行:

1)命令发出到画面响应时间;

2)命令发出到现地控制单元开始执行控制输出时间。

d)人机接口响应时间测试,结合 9.10 进行:

1)调用新画面响应时间。

2)在已显示画面上实时数据刷新时间。

3)模拟量事件产生到画面上报警信息显示和发出音响时间。

4)事件顺序记录事件产生到画面上报警信息显示和发出音响的时间。

5)计算量事件产生到画面上报警信息显示和发出音响时间。

e)双机切换时间测试:人为退出正在运行的主机,这时备用机应自动投入工作,测出其切换时间,在切换过程中不得出错或出现死机。

f)根据受检产品技术条件进行其他实时性性能指标测试。

实时性性能指标应符合受检产品技术条件规定。

15 试验、验收规则

15.1 试验、验收种类

水电厂计算机监控系统一般应有下列试验、验收:

a)型式试验。

b)工厂试验和检验。

c)出厂验收。

d)现场试验和验收。

15.1.1 型式试验

15.1.1.1 有下列情况之一时应进行型式试验:

a)产品定型(设计定型、生产定型)时。

b)正式生产后,如结构、材料、工艺有重大改变,可能影响产品性能时(可只做相应部件)。

c)质量监督机构提出要求时。

15.1.1.2 试验中若有任何一项不符合受检产品技术条件规定者,必须消除其不合格原因。

15.1.2 工厂试验和检验

a)与产品配套的器件应按有关规定进行质量控制。

b)产品在生产过程中必须进行全面的检查、试验,并应有详细、完整的记录。

c)产品在出厂前必须通过制造单位质量检验部门负责进行的检验,检验中若有任何一项不符合受检产品技术条件规定者,必须消除其不合格原因,检验合格后由质量检验部门签发合格证。

15.1.3　出厂验收

15.1.3.1　若受检产品技术条件规定产品出厂前需进行出厂验收者,则制造单位在完成 15.1.2 条所列的工厂试验和检验后.应按受检产品技术条件规定的日期提前通知用户。

15.1.3.2　出厂验收由制造单位和用户共同负责进行。

15.1.3.3　出厂验收过程中,双方的责任一般为:

a)制造单位的责任:

1)向用户汇报系统配置、工厂试验和检验结果。

2)起草出厂验收大纲(草稿)。

3)提供验收所需的仪器设备及有关文件、资料。

4)负责进行验收大纲中规定的各项试验。

b)用户的责任:

1)对出厂验收大纲(草稿)进行讨论、审查、修改,最后确定出厂验收大纲。

2)对出厂验收试验进行监督、审查。

出厂验收结束后,双方应签署出厂验收纪要,对出厂验收的结果作出评价。如产品还存在不满足受检产品技术条件的缺陷时,应在出厂验收纪要中提出处理要求及完成期限,由制造单位负责处理。

15.1.4　现场试验和验收

15.1.4.1　现场试验和验收是在产品到现场后,由用户和制造单位共同负责进行的安装投运的试验和验收。

15.1.4.2　现场试验和验收过程中双方的责任一般为:

a)制造单位的责任:

1)起草现场试验和验收大纲(草稿)。

2)负责产品在现场的有关检查和投运试验。

3)提交现场投运试验报告。

b)用户的责任:

1)对现场试验和验收大纲(草稿)进行讨论、修改,并补充涉及现场设备及安全等有关的内容,最后由用户负责审查、批准现场试验和验收大纲。

2)配合现场投运试验,负责完成可能危及现场主、辅设备及人身安全的安全措施。

3)组织、监督现场投运工作的进行

15.1.4.3　通过现场投运试验,如产品还存在不满足受检产品技术条件的缺陷时,应在阶段性现场验收纪要中提出处理要求及处理期限,由制造单位负责处理。

15.1.4.4　现场试验和验收如果是分阶段进行的,则每阶段试验、验收合格后,双方应签署阶段性现场验收纪要;现场试验和验收全部结束后,双方应签署最终的现场验收文件。

15.1.4.5　投运设备的保修期。从签署有关该设备现场验收纪要或文件之日起算。

拓展三　水电站计算机监控系统的模拟仿真与培训

浙江同济科技职业学院按照小型水电站典型设计建设成功了"发电厂仿真实训中心"，采用小型计算机监控仿真系统，具备了校内水电站计算机监控系统的模拟仿真与培训功能。

3.1　发电厂仿真实训中心简介

发电厂仿真实训中心是按照浙江省小型水电站典型电气主接线设计，采用2台发电机、1台变压器，发电机电压侧采用单母线接线，各部分的实际电压均为400 V，发电机出线电压模拟为6.3 kV，线路出线电压模拟为35 kV，发电机实际容量为5 kW，模拟为5 MW，变压器实际容量为12.5 kVA，模拟为12.5 MVA。采用目前最先进的电气设备、继电保护及计算机监控系统。发电机采用两种运行方式：①发电机并入学校电网运行；②设置模拟负载屏，发电机向独立负载供电。设立发电机发电和变电区域、高压开关室、中央控制室、学生客户端电脑监控操作平台室等四大区域。

3.2　发电厂仿真实训中心功能

可以开设下列实训项目：
(1)发电机开机并网和停机解列操作；
(2)发电厂倒闸操作；
(3)直流系统运行与维护；
(4)直流系统接地点查找；
(5)蓄电池充放电；
(6)发电机和变压器运行电参数和非电量的测量；
(7)发电厂电气设备运行及常规检查；
(8)微机监控操作；
(9)电气设备故障判断及分析；
(10)发电厂电气设备主电路接线及调试；
(11)电气二次回路接线及调试；
(12)电气二次回路故障排除。

可以进行考工、培训、毕业设计、技能竞赛、"理实一体化"教学、科研、技术培训等工作：

（1）可以在实训中心对电气值班员（技师）进行技能操作考核；

（2）可以在实训中心对全省小水电职工进行新技术知识和操作技能培训；

（3）学生和教师通过实训中心实训后能方便地和实际相结合，使毕业设计成果接近生产实际；

（4）教师在实训中心进行相关科研工作，提高教师的业务水平和专业技能；

（5）在实训中心可以对学生进行技能竞赛，根据需要可以开设许多技能竞赛项目，能极大地促进学生学技能的兴趣。

（6）采用"理实融合"的教学思想，把理论课堂设在实训室，边学边做，增强学生的学习兴趣，提高学习效果。

3.3　发电厂仿真实训中心特色

发电厂仿真实训中心在调研的基础上，拟定了建设方案，经过专家的论证，具有以下一些特色。

1. 故障设置类型多样化

模拟故障：通过电量模拟屏可以模拟发电厂中各种电气事故和不正常运行状态。通过设立发电机、变压器非电量模拟屏可以模拟油、气、水系统的运行情况，并可模拟测量发电机的各部分温度及集水井、水库水位等。通过模拟故障的设置，学生可以进行故障排除实训。

真实故障：在一次主回路上设置真实短路点，共有 4 个短路点，可进行两相短路和三相短路；同时为了保证短路时的安全，采取了 2 个保护措施，一方面短路通过电抗器进行；另一方面限制短路时间，即从短路一开始通过 PLC 进行计时，当短路时间超过一定值时能自动切除短路点。这样就避免了短路时发电机保护由于某种原因没有动作而烧坏电气设备。

虚拟故障：可以通过计算机监控软件和数据库虚拟设置故障，学生必须通过查对图纸，寻找虚拟故障点，通过师生互动平台实现故障诊断和排除。通过虚拟故障的设置和排除，锻炼学生读图识图以及理解监控流程、诊断和排除故障等能力。

2. 学生监控平台

学生监控平台采用泛客服端的构建模式，通过权限设置和切换，实现多计算机并行控制，满足学生计算机虚拟实训的目标。该模式使仿真实训中心更具开放性，泛客户端可以根据需要随时链接和脱离发电厂计算机监控中心，独立仿真或与其他实训平台链接，进行组态实训、单片机实训、EDA 仿真等，与电气自动化和机电一体化专业形成平台共享。

3. 变频调速控制

实际水电站是通过调速器去控制水轮机，而仿真电厂没有水轮机，采用微机调速控制器去控制变频器，再通过变频器去控制变频调速电机。这里主要解决的核心问题是，通过反应发电机的输出功率（代替实际电站中发电机导水叶的开度）反馈到调速器控制回路。

4. 运行方式灵活

发电机既可并网运行，又可单机运行。并网运行通过同期装置可与学校系统电网并网。单机运行通过设立负载屏，可任意调节发电机的负载，功率从 0.1～10 kW 进行任意调节，功率因素也可任意调节。可检验发电机的自动调速系统、自动励磁调节器的调节性能是否

良好

5. 具有节能型

要求 2 台发电机正常运行时发出的电能送回电网,电动机的电能由电网提供,这样电动机和发电机组成闭环回路,效率可达 90% 以上。

6. 可供科研与社会服务

本实训中心采用了许多新设备、新工艺和新技术,如发电厂故障诊断技术、计算机监控技术、高级应用软件仿真技术等,为教师进行科研提供了良好的条件,同时可为水电站职工提供技术培训。